# 目录

高等院校“十三五”应用型艺术设计教育系列规划教材

# 公共空间设计

主　编　张柳　张晶
副主编　张玲　陈景

合肥工业大学出版社

**图书在版编目（CIP）数据**

公共空间设计/张柳等主编．—合肥：合肥工业大学出版社，2017.7（2025.8重印）
ISBN 978-7-5650-3450-3

Ⅰ.①公… Ⅱ.①张… Ⅲ.①公共建筑—室内装饰设计 Ⅳ.①TU242

中国版本图书馆CIP数据核字（2017）第164273号

**公共空间设计**

张 柳　张 晶　主编　　　　责任编辑　王 磊　张 慧

| | | | |
|---|---|---|---|
| **出　版** | 合肥工业大学出版社 | **版　次** | 2017年7月第1版 |
| **地　址** | 合肥市屯溪路193号 | **印　次** | 2025年8月第2次印刷 |
| **邮　编** | 230009 | **开　本** | 889毫米×1194毫米　1/16 |
| **电　话** | 人文社科出版中心：0551-62903205 | **印　张** | 6.5 |
| | 营销与储运管理中心：0551-62903198 | **字　数** | 216千字 |
| **网　址** | press.hfut.edu.cn | **印　刷** | 安徽联众印刷有限公司 |
| **E-mail** | hfutpress@163.com | **发　行** | 全国新华书店 |

ISBN 978-7-5650-3450-3　　　　定价：45.00元

如果有影响阅读的印装质量问题，请与出版社营销与储运管理中心联系调换。

# 前言

随着社会经济发展方式的转变，艺术设计及相关产业正发生着深刻的变化，及时将反映行业发展趋势的新思维、新工艺、新材料、新方法、新技术融入我们的课程，将体现最前沿设计意图及应用技术的成果写进我们的教材，是我们的现实追求。

本教材对课程体系的设计以“培养目标能力化，技能训练岗位化，素质培养企业化”为基本理念，以项目化实训任务为手段，根据办公类、商业类、酒店类、餐饮类、交通类、展览类等典型公共空间的特定功能特征来组织内容。章节中大量介绍近两年以来相关类型具有代表性的前沿案例，开阔学生的眼界，帮助学生掌握公共空间设计项目方案分析、方案设计、方案表现、方案制作等核心知识和必备技能，具备从事室内设计师岗位所必需的设计项目调控、设计项目协作、沟通等职业素养，培养学生完成设计项目的综合能力。

《公共空间设计》系统地介绍了公共空间，公共空间的发展，公共空间的设计程序和学习方法，公共空间的设计原则、要素等理论知识，以及当今室内设计最新前沿案例介绍。全书共分10章，包括：概述，公共空间的设计原则，公共空间与人机工程学，公共空间的设计程序，办公空间设计，商业空间设计，酒店空间设计，餐饮空间设计，交通空间设计，展示空间设计以及优秀室内公共空间案例分析。

本书是室内设计学习者的基础用书，可作为应用型本科、高职高专、成人、函授、网络教育、自学考试及专业培训等室内设计、环境设计、展示设计等专业的教学用书，对从事室内设计的人员也有一定参考价值。

编 者

2017.6

# 第1章 概 述

公共空间是有别于私人空间的人们共同的空间。广义的公共空间是指相对于私密空间以外的所有场所；在建筑学范畴，公共空间是指有管理人或控制人、在人员流动上具有不特定性的一定范围的空间，或者称不特定多人流动的特定管理或控制空间。然而，如何看待这种共同的空间，随着文明程度的不同、历史时期的不同而有很大的差异。公共空间设计是对公共建筑及与之整体相关联的综合环境进行设计，室内公共空间设计则是对公共建筑物内部公共领域的空间、空间关系和环境艺术进行的设计。

公共空间设计的内容广泛，涉及建筑学、建筑物理学、社会学、环境心理学、人体工程学、装饰材料学等学科。公共空间设计不仅考虑舒适的物理环境、空间环境、视觉环境，还要考虑人们的心理因素和生理因素。由于时间观念、效率意识的增强，诸如办公等环境均需要改善，这些都给公共空间设计创造了一个巨大的发展空间。

## 1.1 公共空间

### 1.1.1 公共空间的起源

公共空间这一概念起源于古希腊，在希腊城邦中，公共领域是以公共生活空间作为表象的，而公共生活空间又是通过公共建筑之格局而形成的。古希腊城邦最主要的公共建筑可以分为三类：第一类是宗教性公共建筑，如神庙、圣殿、祭坛；第二类是城邦的市政建筑，如议事大厅、法庭、公共食堂、市政广场等；第三类是城邦社会文化活动的场所，如体育馆、运动场、摔跤场、露天剧场等，如图1－1所示。

图1—1 埃皮道罗斯剧场遗址

### 1.1.2 公共空间的外部与内部

公共空间的外部与内部是两个不同的概念，从空间形式上讲它们既有各自的独立性，又相互联系。公共空间的外部与内部具有一定的相关性。公共空间的内部是建筑物的延伸和深化。建筑物重视建筑自身在自然环境中的地理位置、气候条件、对自身结构关系、材料、构件的设计。而公共空间的外部也要考虑上述因素。如朝向、光线、室外温度对室内的影响，室外景观及流动景观等。要考虑将室外的、可用的因素用于室内。公共空间的外部与内部在一定程度上具有很大的互动性，即室内与室外空间环境的融合，如商业空间的橱窗作为过渡空间的形式是联系室内、室外的桥梁。

### 1.1.3 公共空间与室内设计的关系

室内设计，或称室内环境设计，相对地是环境设计系列中和人们关系最为密切的环节。室内设计是根据建筑物的使用性质、所处环境和相应标准，运用物质技术手段和建筑美学原理，创造功能合理、舒适优美、满足人们物质和精神生活需要的室内环境。这一空间环境既具有使用价值，满足相应的功能要求，同时也反映了历史文脉、建筑风格、环境气氛等精神因素。

公共空间作为室内设计的有机组成部分，遵循室内设计的核心目标。由于公共空间功能的多样性、形式的多元化及人文环境的全球化，必然带来公共空间环境设计的人性化要求，但不管环境设计的风格、手法如何丰富，都应注重“人”在空间环境中的参与作用，这是时代发展的必然趋势。多元发展并不是各种风格、各种思潮毫无节制地共同存在，而是指其中必定蕴藏着起支配作用的主导思想，这是公共空间设计的不变原则。也正是我们要把握的设计理念。

### 1.1.4 公共空间与艺术的关系

公共空间是给人们提供公共活动的场所，这些活动无疑包括物质活动和精神活动两方面，在公共空间漫长的发展过程中，人类在满足自我精神需要的同时养成了一定的审美习惯。因此，空间不仅被赋予实用的属性，还应被赋予审美的属性。空间艺术不像其他艺术形式那样直接，而是蕴含于整个空间与环境中，空间的艺术感染力由空间环境的总体构成来传递。

公共空间作为一种设计艺术形式，同时也是一种文化。公共空间是人们从事各种活动的功能载体，是人类社会特有的产物，人类社会的各种特征都会在公共空间中有所反映。因此，公共空间的审美观念不是孤立存在的，而是受到文化、宗教、民族、地域等多方面社会性因素的影响，使得公共空间呈现出明显的差异性。由于美学本身高度的抽象性和复杂性，而人的审美观念则有着很大的差异，形式美学的原则与审美观念是两种不同的范畴，不能混为一谈或相互否定。

## 1.2 公共空间的分类

按照建筑空间概念分类，公共空间通常可以分为如下类型：商业建筑空间、旅游建筑空间、文教建筑空间、办公建筑空间、体育建筑空间、医疗建筑空间、交通建筑空间、邮电建筑空间、展览建筑空间、纪念建筑空间等。

按照室内设计分类，公共空间可以分为：限定性公共空间及非限定性公共空间。限定性公共空间主要是指学校、幼儿园、办公楼以及教堂等建筑物的内部空间；非限定性公共空间主要是指旅馆饭店、影视院、娱乐空间、展览空间、图书馆、体育馆、火车站、航站楼、商店以及综合商业设施。

按照空间的规模分类公共空间又可以分为：大型公共空间、中型公共空间、小型公共空间。大型公共空间如体育馆观众厅、大礼堂、大餐厅、大型商场、营业大厅、大型舞厅等，空间开放性强，空间尺度大；中型公共空间如办公室、研究室、教室、实验室等，这类空间首先要满足个人空间的行为要求，再满足与其相关的公共事务行为的要求。中型空间最典型的例子就是办公室，为了提高工作效率，这类空间正在向大型空间发展，出现了所谓庭院式办公空间。小型公共空间如客房、经理室、档案室、资料库等，这类空间有较强的封闭性。

由于公共空间使用功能的性质和特点不同，各类建筑物主要房间的室内设计对文化艺术和工艺过程等方面的要求，也各自有所侧重。例如对纪念性建筑物和宗教建筑物等有特殊功能要求的主厅，对纪念性、艺术性、文化内涵等精神功能的设计方面的要求就比较突出；而工业、农业等生产性建筑物的车间和用房，相对地对生产工艺流程以及室内物理环境（如温度、湿度、光照、设施、设备等）的创造方面的要求较为严密。

## 1.3 公共空间的空间特征

公共空间虽然类型多样，空间形式风格大不相同，空间使用目的和使用要求相异，但作为空间来讲，还是有以下共性的特征：景观化特征、系统化特征、高技术特征、信息化特征、智能化特征、多元化风格特征等。

### 1.3.1 景观化特征

公共空间作为满足人类物质与精神需求的高度统一的空间形态，必须创造发展生态环境，减少工业对环境的破坏，实现空间环境可持续利用的绿色理念。公共空间中的艺术品陈设、绿化，是满足人们追求美的精神需求和向往自然、亲近自然的生理需求；对提升空间品质、增强空间的艺术氛围以及创造自然气氛有着重要作用，如图1－2所示。

图1—2
阿拉木图清新别致的餐厅

### 1.3.2 系统化特征

科学技术为公共空间系统化提供了技术保障，在公共空间中各种新技术、新设备得到充分的运用。系统化是公共空间良好的使用功能的前提，是保证公共空间环境舒适性的手段。公共空间系统是由诸多子系统组成的，这些子系统主要包括：空间界面系统、电力系统、照明系统、空调系统、给水排水系统、消防系统、安保系统、视觉导向系统、网络系统、查询系统等。各子系统之间既保持相对的独立性，又与整体保持有机的联系。

### 1.3.3　高新技术特征

现代公共空间不乏运用先进的技术创造形态变化丰富、造型奇特的形式，同时数字化设备也在公共空间中得到大量使用，高新技术为建造高品质的公共空间提供了必要的技术条件。

### 1.3.4　信息化特征

公共空间是大量无特定的人群聚集的场所，因此公共空间对人群的引导要通过信息传递与交流来实现。因此，一方面要为使用者提供认识环境的各种信息，基于视觉信息传递的形式有：方位标识，用以明确空间各向方位，例如引导性标识；使用性标识，如图1－3所示，明确具体的使用功能。

图1—3　TNT绿色办公室导视系统设计

### 1.3.5　智能化特征

智能化公共空间具备先进的通信系统和网络，通过计算机技术、控制技术、通信技术和图形显示技术共同来实现空间智能化。智能化公共空间的构成基本要素是：高舒适的使用环境；高效率的管理和自动化系统；具有开放式的楼宇自动化系统。

### 1.3.6　多元化风格特征

在信息时代这个大环境下，现代公共空间的设计语言和设计风格不再受国家、地域以及时空的限制，不同时空、不同地域的设计元素相互融合，形成设计审美全球趋同态势，如图1－4所示。

## 1.4 公共空间的发展

图1－4 MAD建筑事务所：鄂尔多斯博物馆

### 1.4.1 西方古典时期建筑的公共空间

西方古典时期建筑的公共空间可以追溯到希腊建筑和罗马建筑。即古典希腊、罗马时期，其建筑也相应地被称之为古典希腊建筑、古典罗马建筑。古希腊建筑与古罗马建筑既有联系又有区别。总的来说，古希腊建筑是欧洲建筑的开拓之作，古希腊建筑所取得的成就为古罗马建筑所继承；但古罗马建筑在其基础上又有着非凡的创造，达到了古典时期建筑的最高峰，如图1－5所示。

图1—5 古罗马万神庙室内

### 1.4.2 中世纪建筑的公共空间

在中世纪，由于当时基督教盛行，基督教会占统治地位，一方面基督教会摒弃了古希腊、古罗马的古典文化，另一方面发展了宗教建筑新的形制。虽然欧洲这一时期的各种公共建筑逐渐增多，包括拜占庭建筑、罗马风建筑、哥特式建筑三大类型，但具有代表性的建筑物均为教堂，如图1－6所示。

图1－6 亚眠大教堂室内

### 1.4.3 文艺复兴时期的公共空间

建筑风格最初形成于15世纪意大利的佛罗伦萨，16世纪起传遍意大利并以罗马为中心，同时开始传入欧洲其他国家。17世纪起，意大利因欧洲经济重心西移而衰退，只有罗马因教会拥有从大半个欧洲收取信徒贡赋的权力而依然富足。这时在意大利半岛中开始了两种风格的并存：一是在意大利掀起学习和运用古希腊、古罗马文化高潮的文艺复兴运动；二是由罗马教廷中的耶稣教会所掀起的巴洛克风格，如图1－7所示。

图1—7　圣卡罗教堂室内

### 1.4.4　中国传统空间

中国早在西周时期建筑组群空间的庭院式布局已经形成，既有体现“门堂之制”的廊院，也出现了纵深串联的合院。

两汉时期的建筑发展，宫殿、苑囿、明堂、辟雍、宗庙等礼制建筑占主导地位。在东汉末期还出现了佛教寺庙建筑；多层重楼的兴起和盛行，标志着木构架结构整体性的重大进展，东汉时期，独立的、大型多层的木构楼阁兴起；建筑组群已达到庞大规模，未央宫有“殿台四十三”，建章宫号称“千门万户”。所有这些，显示出中国木构架建筑到两汉时期已进入体系的形成期。

隋唐是中国封建社会的鼎盛时期。唐初在大兴宫进行了扩建并改名为大明宫，大明宫沿袭了传统的前朝后寝的制度，整个建筑体现了廊庑院式格局特点。北宋宫殿建筑群在回廊院的布局单元基础上，发展成廊庑院，并以廊庑院作为空间布局的单元。

清代是中国封建社会末期一个在经济、政治上带有特殊性质的社会阶段，是封建主义经济日趋没落，并逐步向资本主义经济转化的历史阶段，在建筑上延续了汉族的建筑艺术与技术，保留了明代的北京宫殿建筑，陵寝制度亦是沿袭明代规制，稍有改进，至于民居方面更普遍地接受了汉族的四合院形制，如图1－8所示。与明代建筑状况相对比，清代在宫殿建筑、园林建筑、佛教建筑、民居建筑四个方面有着巨大的成就。

图1－8　北京故宫

### 1.4.5 现代公共空间

现代公共建筑的设计思潮与设计实践活动一直影响现代公共空间设计的发展，设计师和理论界不断探索设计的新方向，从19世纪末，工业革命形成的工艺美术运动、新艺术运动到20世纪的现代主义和后现代主义运动，直至21世纪信息化社会设计语言多元化、国际化的趋势。通过研究一定历史时期所形成的设计风格和流派，存在两个方面的意义：一方面，设计风格和流派的存在影响设计的发展，同时还可能产生新的衍生内容，因此可以说具有深刻的历史意义；另一方面，设计风格和流派对现代公共空间设计具有现实的指导意义，如图1－9所示。

图1—9 挪威Vennesla文化和图书馆

# 2 第2章　公共空间的设计原则

## 2.1　公共空间的限定原则

对于公共活动而言，如果空间所限定的尺度过小或过低会让人感到局限和压抑，这样的尺度感也会影响空间的公共性，出于功能要求，公共空间一般都具有较大的面积和高度，如宾馆共享空间、银行营业大厅、博物馆等（图2－1）。在精神要求方面，公共空间应具有宏伟、力量和博大的气氛，都要求有大尺度的空间。而西方历史上的教堂建筑，其异乎寻常高大的室内空间尺度，主要不是由于功能使用要求，而是出于精神方面的要求所决定的。公共空间的限定是在建筑空间的基础上所进行的二次限定，在具备完善功能的前提下，公共空间设计既要考虑空间的分隔，又要考虑空间的联系，至于空间的联系，就要看空间限定的程度，即限定度。

尽管限定的要素十分有限，基本限定的手法也是有限的几类，但这类限定以不同的具体材料、不同的具体色彩并按不同的方式组合后形成的空间却是丰富多样的。

图2—1　微软苏州办公室中庭

### 2.1.1 围合与分隔

围合是一种基本的空间分隔方式和限定方式。围合将空间划分出内外，而围合至少要有多于一个方向的面才能成立；而分隔是将空间再划分成若干部分。有时围合与分隔的要素是相同的，围合要素本身可能就是分隔要素，或分隔要素组合在一起形成围合的感觉。在一定程度上，围合与分隔的界限就不那么明确了。如果一定要区分，那么对于被围起来的内部，即这个新的“子空间”来说就是“分隔”了。在公共空间，利用实体要素再围合或再分隔，可以形成一些小区域并使空间有层次感，既能满足使用要求，又能给人以精神上的享受。通过对空间限定、再限定和限定度等概念的剖析，我们大致可以总结出公共空间的分隔方式包括四个大的类型。

1. 绝对分隔

用承重墙、到顶的轻体隔墙等限定度高的实体界面分隔空间，称为绝对分隔。这样分隔出的空间有非常明确的界限，是完全封闭的。隔声良好、视线完全受阻是这种分隔方式的重要特征，因而与周围环境的流动性很差，却具有安静、私密和较强的抗干扰能力，如图2－2所示。

图2—2　绝对分隔空间

2. 局部分隔

用屏风、到顶或不到顶的隔断和较高的家具等划分空间，称为局部分隔。限定度的强弱因界面的大小、材质、形态而异。局部分隔的特点介于绝对分隔与象征性分隔之间，不太容易明确界定，如图2－3所示。

3. 象征性分隔

用片断、低矮的面、罩、栏杆、花格、构架、玻璃等通透性的隔断；家具、绿化、水体、色彩、材质、光线、高差、悬挂物、音响、气味等因素分隔空间，称为象征性分隔。这种分隔方式的限定度很低，空间界面模糊，但能通过人们的联想而感知，侧重心理效应，具有象征意味。在空间划分上是隔而不断，流动性也很强，整体空间的层次也较丰富，如图2－4、图2－5所示。

图2—3　Clever Park 商业办公中心到顶隔断的局部分隔

图2—4　玻璃隔断分隔

图2—5　隔断和家具划分空间

4. 弹性分隔

利用拼装式、折叠式、升降式等活动隔断和幕帘、家具、陈设等分隔空间，称为弹性分隔。可以根据使用要求而随时启闭或移动，空间也就随之或分或合，或大或小，这样分隔可以使空间具有较大的弹性和灵活性。由此也可以归纳出一些具体的分隔方法：

(1) 用结构构件分隔（梁、柱、金属框架、楼梯等）；

(2) 用各种隔断分隔；

(3) 用色彩、材质分隔；

(4) 用水平面高差分隔；

(5) 用垂直围护面凹凸分隔；

(6) 用家具分隔；

(7) 用装饰构架分隔；

(8) 用水体、绿化分隔；

（9）用照明分隔；

（10）用陈设及装饰造型分隔；

（11）用综合手法分隔。

空间的分隔和联系，是室内空间设计的重要内容。分隔的方式，决定了空间之间联系的程度，分隔的方法则在满足不同分隔要求的基础上，创造出美感、情趣和意境。

### 2.1.2　覆盖

在自然空间中进行限定，只要有了覆盖就有了内部空间的感觉。四周围得再严密，如果没有顶，虽有向心感，但也不能算是内部空间。在自然空间里有了覆盖就可以挡住阳光和雨雪，就使内、外部空间有了质的区别，与在露天的感觉完全不同。在内部空间里再用覆盖的要素进行限定，可以有许多心理感受。在空间较大时，人离屋顶距离远，感觉不那么明确，就在局部再加顶，进行再限定。例如在客房床的上部设幔帐或将某一部分的顶局部吊下来，增进空间与人之间的距离，尺度更加宜人，心理感觉也亲切、惬意。有时为了改变原来屋顶给人的视感，也可以用不同的形式或材料重新设置覆盖物，软化了整个环境的情调，如图2－6所示。

图2—6　挪威Kilden表演艺术中心顶部覆盖物软化了整个环境

在内部空间设覆盖物还可以使人心理有种室外的感觉，例如中庭是宾馆的公共空间，在人落座的区域常用装饰性垂吊物、遮阳伞、灯饰或织物等作覆盖的限定，再加上周围的树木、花鸟、水体和天光等因素，使人仿佛又置于大自然的怀抱中。这正符合在室内创造室外感觉的意图。在室内空间环境中，尽可能地使人有自然感、室外感是对人性的回归。因此，有时有意识地在室内空间设计中运用室外因素，可以给人带来心理愉悦。

图2—7　大厅中的植物陈列

### 2.1.3　设置

在公共空间中，设置可以说是最多的再限定方式，任何实体都可以算是设置物，但是这里所指的设置一般是指设置物与空间有“设置”关系的，也就是“孤立独处”的。这样的设置物往往成为视觉的中心，设置物对空间的一定区域有着影响作用。由于周围空旷更使设置物引人注目，而且人可以从不同角度观察设置物。典型的设置有中心大厅中雕塑品的陈列，在雕塑陈列周围形成一定的空间，如图2－7所示。

### 2.1.4　抬起与下凹

抬起与下凹限定是通过变化地面高差来达到限定的目的，使限定过的空间在母空间中得到强调或与其他部分空间加以区分。对于在地面上运用下凹的手法限定，其效果与低的围合相似，但更具安全感，受周围的干扰也较小。因为低空间不太引人注目，不会有众目睽睽之感，特别是在公共空间中人在下凹的空间中心理上会比较自如和放松，如图2－8所示。抬起与下凹相反，可以使这一区域更加引人注目，如酒店大堂中演奏钢琴的区域抬起就是为了使位置更加突出，以引起人们的视觉注意。

图2-8　客厅下沉空间

### 2.1.5　悬架

在公共空间中悬架是指在原空间中，局部增设一层或多层空间的限定手法。上层空间的底面一般由吊杆悬吊、构件悬挑或由梁柱架起，这种方法有助于丰富空间效果，夹层空间及通廊空间就是典例，如图2－9所示。

### 2.1.6　肌理、色彩、形状、照明等的综合变化

对于公共空间的限定，肌理变化是较为简便的方法。以某种材料为主，局部换一种材料，或者在原材料表面进行特殊处理，使其表面发生变化（如抛光、烧毛等）都属于肌理变化。有时不同材料肌理的效果可以增强导向性和功能的明确性，不同材料肌理的运用也可以影响空间的效果，而且用肌理变化还可以组成图案作为装饰，等等。在公共空间往往采用多次的再限定，也就是同时用若干种限定方法对同一空间进行限定，例如在围合的一个空间中加上垂直界面的形态、肌理及色彩的变化，同时顶部又进行了覆盖或下吊等，这样可以使这一部分的区域感明显加强，如图2－10所示。

图2—9　悬挑通道空间

图2—10　Dropbox旧金山新办公室

# 2.2 公共空间的组织与引导

公共空间设计是根据其使用功能，利用一定的物质材料和技术手段对建筑空间进行二次设计，是建筑空间设计的延续，是对建筑设计的概念进一步的深化和发展。公共空间应在满足功能要求的前提下具有自身的形式美，以满足人们的精神感受和审美的要求。

## 2.2.1 空间的组织

公共空间的组织，一是要考虑建筑空间的基本条件，在对原有建筑设计的意图充分理解的基础上，对建筑物的总体布局、功能分区、人流动向以及结构体系等有深入的了解。二是要满足空间的使用需求，完善公共空间的使用功能，在设计时对空间和平面布置予以完善、调整或再创造。由于现代社会生活的节奏加快，建筑功能发展或变换，也需要对建筑空间进行改造或重新组织。

公共空间的组织方式概括起来有：两个空间的连接、空间群的连接。

1. 两个空间的连接

(1) 连接

连接是指两个互为分离的空间单元，可以由第三个中介空间来连接。在这种彼此建立的空间关系中，中介空间的特征起决定性的作用。中介空间在形状和尺寸上可以与其连接的两个空间单元相同或不同。当中介空间的形状和尺寸与其所连接的空间完全一致时，就构成了重复的空间系列，如图2－11所示；当中介空间的形状和尺寸小于其所连接的空间时，强调的是自身的联系作用，如图2－12所示；当中介空间的形状和尺寸大于其所连接的空间时，则成为整个空间体系的主体性空间，如图2－13所示。

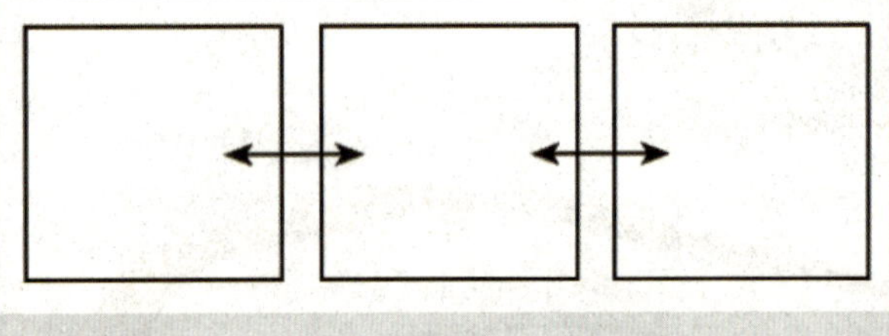

图2—11 重复的空间系列图

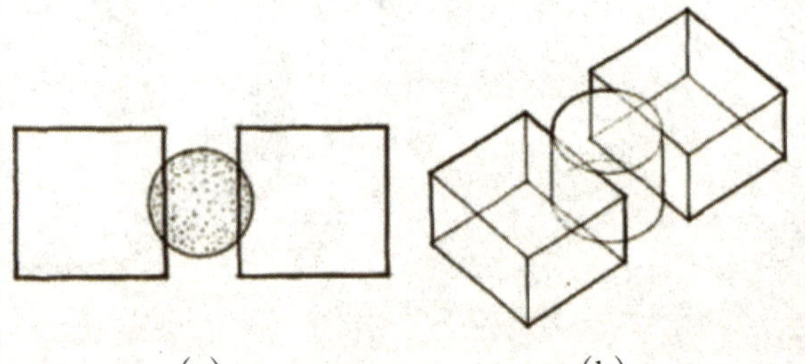

(a) (b)

图2—12 中介空间自身的联系作用

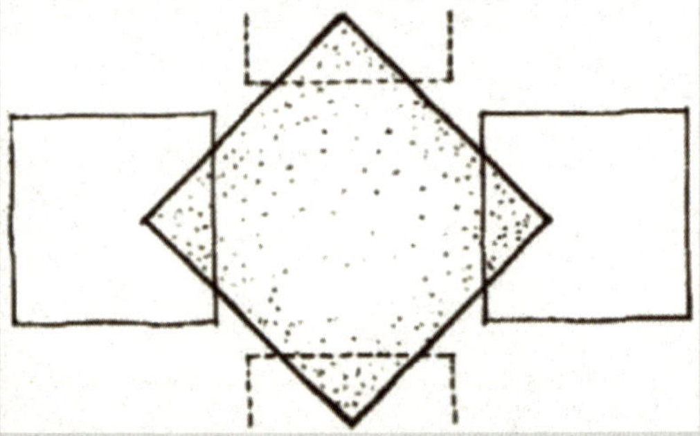

图2—13 中介空间的主体性

（2）包含

包含是指一大的空间单元完全包容另一小的空间单元。在这种空间关系中，大尺寸与小尺寸的差异显得尤为重要，因为差异越大包容感越强，反之包容感则越弱，如图2－14所示。

当大空间与小空间的形状相同而方位相异时，小空间具有较大的吸引力，大空间中因产生了第二网格，留下了富有动态感的剩余空间，如图2－15所示。

当大空间与小空间的形状不同时，则会产生两者不同功能的对比，或象征小空间具有特别的意义，如图2－16所示。

（3）交接

交接是指两个空间单元相遇并接触，但不重叠，接触后的空间之间的视觉和空间上的连续程度取决于接触处的性质。接触可以是边界与边界的接触，也可以是界面与界面的接触，如图2－17所示。

当以空间的界面接触时，空间的独立性强，而界面上的开洞程度如何，将直接影响到两个空间的围合与通透程度，如图2－18所示。

以独立接触面设置于单一空间内时，空间的独立性减弱，两个空间隔而不断。以一列线状柱作为接触面时，空间有很强的视觉以及空间上的连续性，而柱子数目的多少，将直接影响到两个空间的通透程度，如图2－19所示。

以两个空间的地面标高、屋顶高度或墙面处理的变化作为接触面的暗示时，空间则有微妙的区别，但仍然有高度的视觉和空间上的连续性，如图2－20所示。

2. 空间群的连接

（1）以廊为主的组合方式

以廊为主的组合空间是指具有相同功能性质和结构特征的空间单元以重复的方式并联在一起所形成的空间组合方式，如图2－21所示。这种组合方式简便、快捷，适用于功能相对单一的公

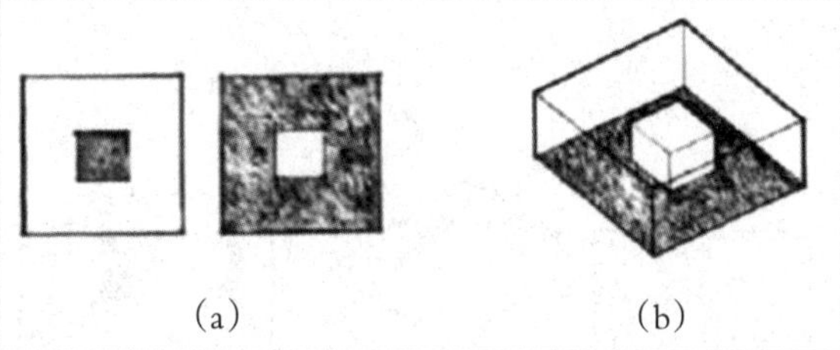

图2—14　包容感

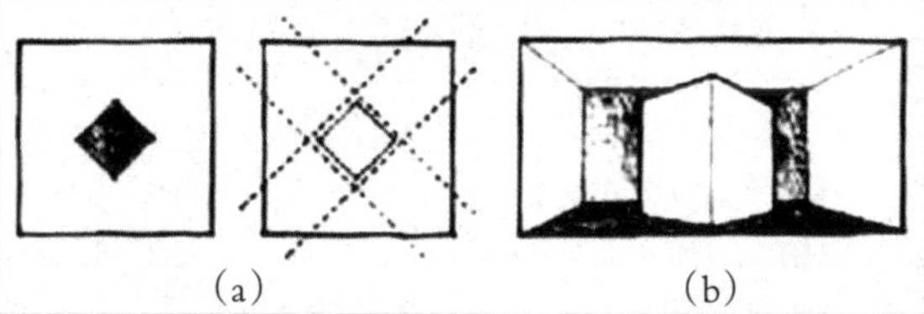

图2—15　动态感的剩余空间

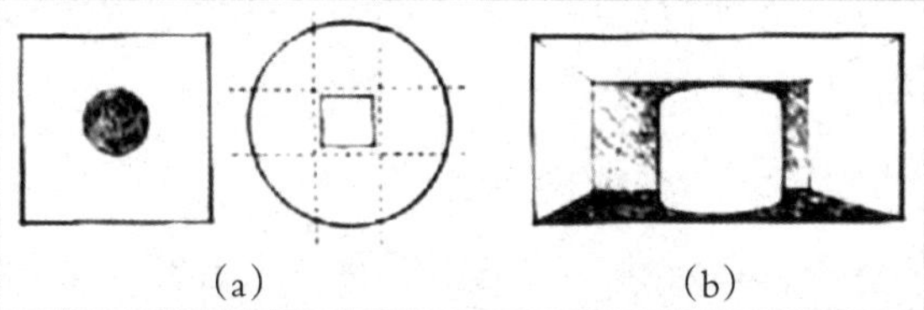

图2—16　形状不同的大空间与小空间

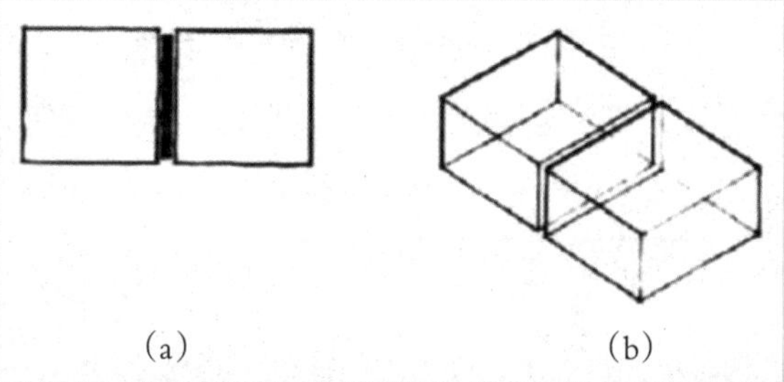

图2—17　界面与界面的接触

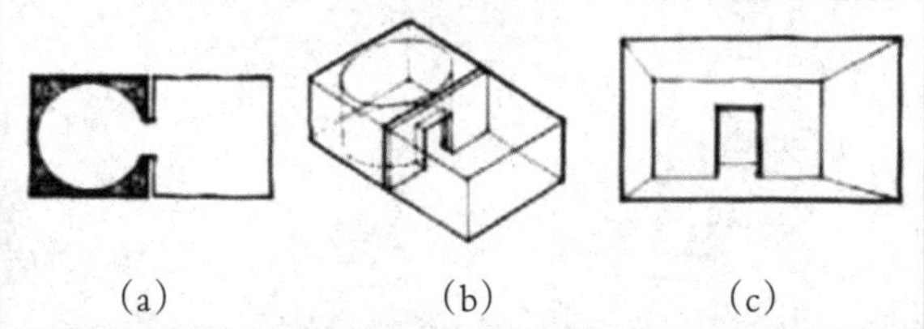

图2—18　两个空间的围合与通透程度

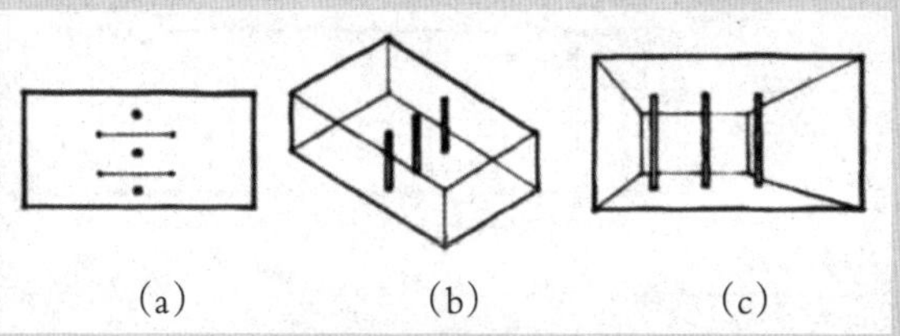

图2—19　两个空间的通透程度变化

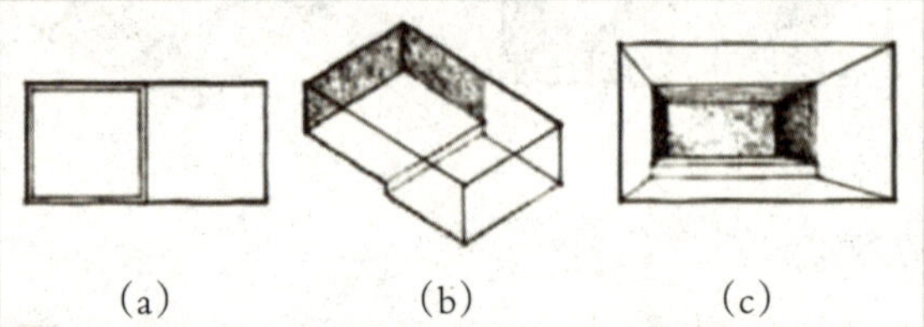


图2—20　两个空间接触面的暗示

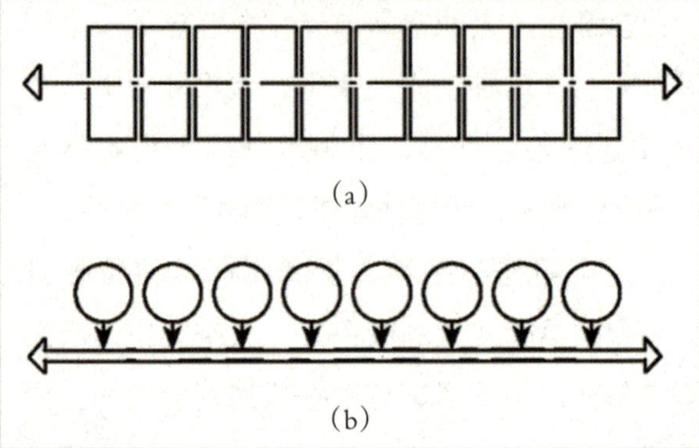


图2—21　以廊为主的组合空间

共空间。如宾馆客房、办公室等，这类空间的形态基本上是近似的，互相之间没有明确的主从关系，根据不同的使用要求可以相互联通也可以不联通。

(2) 以厅为主的组合方式

各空间以厅为单位进行组合，组合空间单元由于功能或形式等方面的要求，先后次序明确，相互串联形成一个空间序列，呈线性排列，故这种组合方式也称为序列组合、线性组合。这些空间可以逐个直接连接，也可以由一条联系纽带将各个分支连接起来。序列组合适用于那些人们必须依次通过的各部分空间。如展览空间、博物馆空间等，如图2-22所示。线性组合适用于分支较多，分支内部又较复杂的公共空间，如综合医院、大型火车站、航空港等。

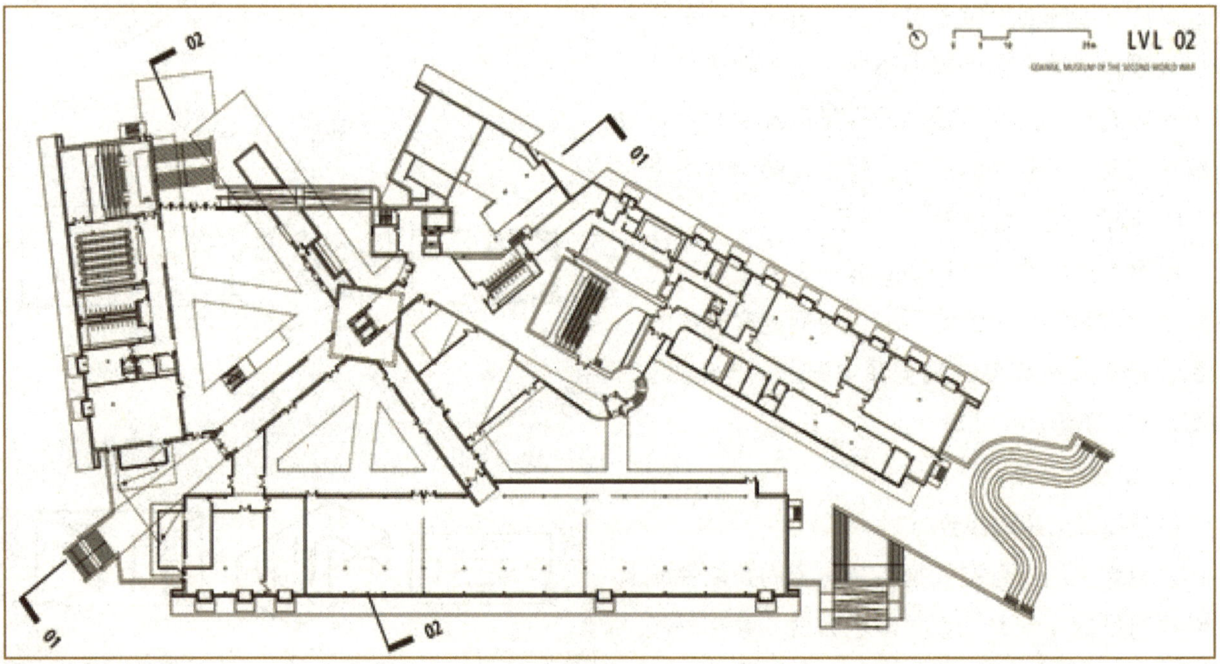


图2—22　格但斯克“二战”博物馆平面

（3）以一大空间为主体的组合方式

组合通常是一种稳定的向心式结构。组合由一定数量的次要空间和一个大的占中心主导地位的大空间构成。处于中心的主导空间一般为相对完整的形状，应有足够大的空间体量以便使次要空间能够集结在其周围；次要空间的功能、体量可以完全相同，也可以不同，以适应功能和环境的需求。一般说来，以一大空间为主体的组合方式其本身没有明确的方向性，人群通过空间需作流向引导。这种空间组合方式适用于剧院空间、商业空间等大的公共空间，如图2－23所示。

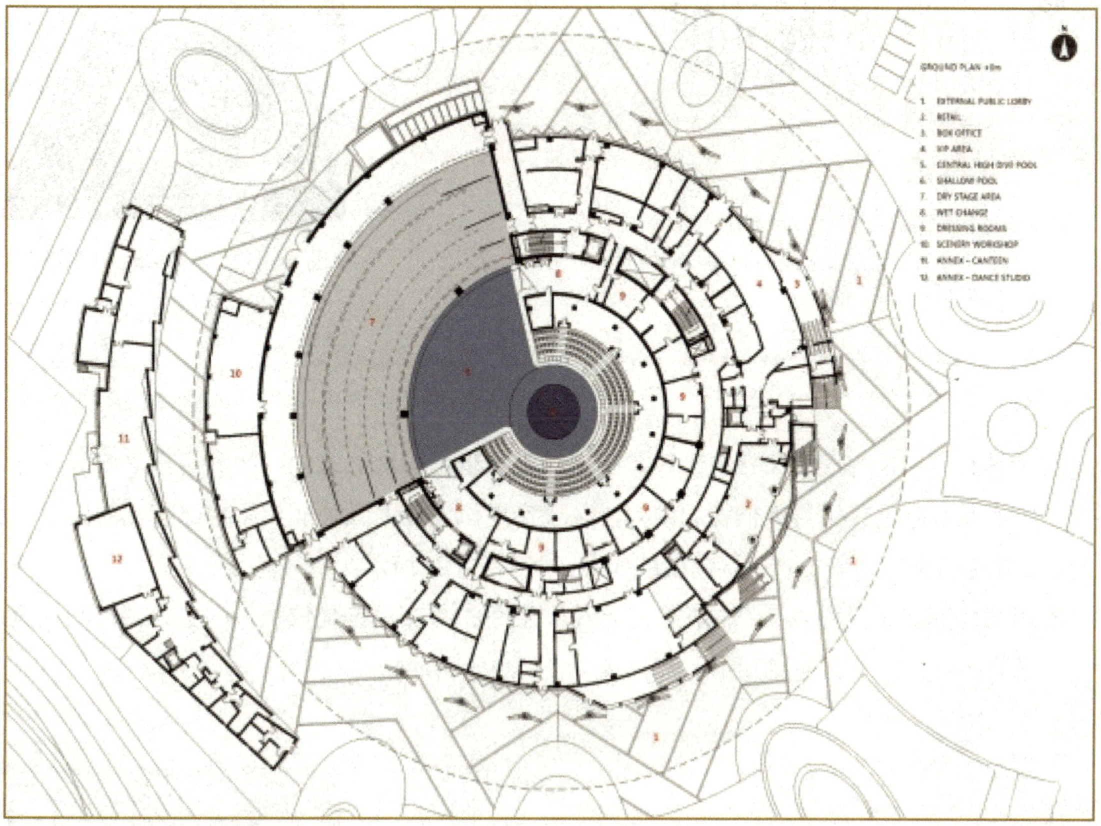


图2—23　云南西双版纳傣秀剧院平面

3. 空间的引导

在比较复杂的空间组合中，由于功能或地形的限制，可能会使某些比较重要的公共活动空间所处的地位不够明显、不够突出，而不易被人们发现。在设计过程中也可能有意识地把某些趣味中心置于比较隐蔽的地方，而避免一览无余。在以上各种情况下都需要采取相应的措施对人流加以引导，但这种引导不同于路标，而是属于空间处理的范畴，具体地讲就是要处理得自然、巧妙、含蓄，从而使人于不经意中沿着一定的方向或路线从一个空间依次地走向另一个空间，直至把人流引导至预定的目标。引导的处理方法是随着具体情况而千变万化的，但归纳起来可以分为几种基本类型：

（1）利用空间的灵活分隔，引导人们进入另外一些空间。利用人有“好奇心”的心理特性，采用灵活的空间分隔，从而把人引导至另一个空间，如图2－24所示。

（2）利用特殊形式的楼梯或踏步，把人流引导至上一层空间，如图2－25所示。

图2—24　办公室空间隔断起空间引导作用

图2—25　形态生动的螺旋楼梯

（3）运用具有方向性的形象和各种韵律构图来引导和暗示行进的方向。如利用重复出现的连续性的柱、构架、陈设品等暗示或引导人们行动的方向，或在地面、墙面及顶棚上采用连续性的图案，尤其是具有方向性的线条或图案，使之产生导向性的作用，如图2－26所示。

（4）利用弯曲的墙面引导人群流向，并暗示另一空间的存在。这是依据人的心理特点和人流自然趋向于曲线形式而产生的，如图2－27所示。

图2—26　具有方向性的色彩线条产生导向性的作用

图2—27　弯曲的墙面产生导向性的作用

（5）利用视觉中心的作用引导空间。视觉中心是在一定空间范围内引起人们视觉集中的事物，在空间的一些关键部位，如入口处、不同空间连接处、空间转折处等，设置易引起人们强烈注意的物体，以吸引人们的视线。也可以通过色彩、照明装饰等突出重点，形成视觉中心。光线的强弱变化、色彩、质感的变化也都可以形成空间装饰的引导和暗示。如依据人们的趋光心理，人们会自然地从光线较暗的空间流向光线较亮的空间，从而形成导向性。

4. 空间的对比与变化

就公共空间而言，有机整体的内容主要是指功能，空间形式必然要反映功能的特点，而功能本身就包含许多差异性，这反映在空间形式上也必然会呈现出各种各样的差异。造型的内在发展规律也会赋予空间以各种形式的差异性。对比与变化所研究的正是如何利用这些差异性来求得空间形式的完美统一。

空间的对比是指空间要素之间显著的差异；空间的变化是指显著的差异，就形式美而言，这两者都是不可缺少的。对比可以借助彼此之间的烘托陪衬来突出各自的特点以求得变化；变化则可以借助相互之间的共同性以求得和谐。没有对比会使人感到单调，过分地强调对比以至于失去了相互之间的协调一致性，则可能造成混乱，只有把这两者巧妙地结合在一起，才能达到既有变化又和谐一致，既多样又统一。

空间对比与变化的手法：

① 空间低小与高大。当由低而小的空间进入高而大的空间时，则可以借助空间的对比与衬托使后者感到更加高大。

② 空间直与曲。直线能给人们以刚劲挺拔的感觉，曲线则显示出柔和活泼。巧妙地运用这两种线型，通过刚柔之间的对比和微差，可以使空间构图富有变化。

③ 空间开敞与封闭。开敞的空间是指多开窗或开大窗的空间，封闭的空间是指不开窗或少开窗的空间。前一种空间较明朗，与外界的关系较密切；后一种空间一般较暗淡，与外界较隔绝。当人们从封闭空间走进开敞空间时，必然会因为强烈的对比作用而感到豁然开朗，这种先抑后扬的手法常见于我国古典园林的空间处理。

④ 空间形状对比。不同形状的空间之间也会形成对比作用，通过这种对比可以达到求得变化和破除单调的目的。然而，空间的形状往往与功能有密切的联系，为此，必须利用功能的特点，并在功能允许的条件下适当地变换空间的形状，从而借助相互之间的对比作用以求得变化。

⑤ 空间的综合对比。空间的综合对比包括明暗对比、质感对比、色彩对比等。

### 2.2.2　空间的渗透与层次

在分隔空间时有意识地使被分隔的空间保持某种程度的连通，使人们可以看到另外一些空间的景物，从而使空间彼此渗透、相互呼应，这样就会大大地增强空间的层次感。西方近现代建筑以及我国古典庭园建筑都十分重视运用这种手法来丰富空间的变化，并且取得了良好的效果。特别是大面积地使用玻璃隔断，不仅可以使室内空间互相渗透，而且还可以使室内外空间互相渗透，如图2－28所示。

空间的渗透与层次的处理方法有：

（1）利用传统的手法：借景与对景，利用槅扇和博古架；

（2）利用新材料、新技术；

（3）利用内部空间与室外空间；

图2－28　法国Oloron Saint Marie多媒体中心阅读室

（4）利用建筑结构空间横向与纵向的变化。

### 2.2.3　空间的序列与节奏

1. 空间的序列

在三维空间的实体中，我们不能一眼就看到空间的全部，只有在连续行进的过程中，从一个空间到另一个空间，才能逐次看到空间的各个部分，最后形成整体印象。逐一展现的空间变化必须保持连续关系。观赏建筑空间不仅涉及空间变化，同时还涉及时间变化。组织空间序列就是把空间的排列和时间的先后两种因素考虑进去，使人们不单在静止的情况下，而且在行进中都能获得良好的观赏效果，特别是沿着一定的路线行进，能感受到既和谐一致，又富于变化的空间形式。空间序列组织就是综合运用对比、重复、过渡、衔接、引导等一系列处理手法，把单个的独立的空间组织成一个有秩序、有变化、统一完整的空间集群。

2. 空间序列的阶段

空间序列具有阶段性特点，如同音乐旋律的抑扬顿挫、富于变化的韵律。人们在感受空间的过程中要经过一定的时间，只有连续经历整个空间后，才能完整形成对空间的整体印象。空间起始阶段也就是空间的开端，如同乐曲的前奏，预示空间将要在人们面前依次展开，应具有足够吸引力是这一阶段的核心。在过渡和衔接阶段，人流所经的空间序列应该完整且连续。进入空间是序列的开始，要处理好内部空间的过渡关系，把人流向各个空间分流，使之既不感到突然，又不感到平淡。空间出口是序列的终结，也是重点设计的部分。同一序列中的内部空间之间应有良好的衔接关系，在适当的地方还可以插进一些过渡性小空间，起收束作用，并加强序列的节奏感，如图2－29所示。

图2－29　美国查普曼商学研究部沿人流主要路线逐一展开的空间序列

对人流转折处要认真对待，可以用引导与暗示的手法来提醒人们，并明确指出前进的方向。转折要自然，保持序列的连贯性。最后是空间的高潮和收束阶段，沿人流主要路线逐一展开的空间序列不仅要有起伏、抑扬，要有一般和重点，而且要有高潮。与高潮相对应的是收束。完整的空间序列，要有放有收，没有极度的收束，即使主体空间再大，也不足以形成高潮。

3. 空间的节奏

空间的节奏是空间形式要素有规律的、连续的重复，各要素之间保持恒定的距离与关系。在一个连续变化的空间序列中，某一种空间形式的重复和再现，形成一定形式的节奏感。有利于衬托主要空间（重点、高潮）。如果在高潮前，重复一些空间形式，可以为高潮的到来做好准备。在公共空间中，往往也可以借助某一母体的重复或再现来增强整体的统一性。一般说来，在表现空间的节奏时，空间重复或空间再现总是同空间对比和空间变化结合在一起的，这样才能获得良好的效果。凡对称都必然包含着空间对比和空间重复这两种因素。

## 2.3　公共空间的美学原则

公共空间是在建筑空间的基础上进行二次设计，以完善建筑空间的使用功能。公共空间作为一种人造的空间环境，一方面要满足人们一定的功能使用要求；另一方面还要满足人们精神感受上的要求。因此，要赋予公共空间以实用的属性以及公共空间美的属性。公共空间与其他艺术形式一样具有形式美规律，在设计实践中，形式美是普遍性、必然性和永恒性的法则，而审美观是随着民族、地区和时代的不同而变化发展的较为具体的标准和尺度。公共空间设计中必然结合审美观，因人、因事、因时、因地运用形式美的原则。

一项公共空间设计作品要能唤起人们的美感，就应达到多样性与统一性的平衡。多样统一涉及：均衡与稳定、对比与微差、韵律与节奏、比例与尺度。

### 2.3.1　均衡与稳定

均衡：一般是指室内构图中各要素左与右、前与后之间的联系。均衡常常可以通过对称均衡、不对称均衡以及动态均衡的方法来取得。对称是极易达到均衡的一种方式，而且往往同时还能取得端庄严肃的空间效果。因此，在比较庄重的空间利用均衡对称的构图手法谋求整体的统一，如图2－30所示。

然而在功能日趋复杂的情况下很难达到沿中轴线完全对应的关系。因此，许多设计师采用了不对称均衡的方法，一方面保证了规则性，使人们感到轴线的存在；另一方面做出各种斜线、曲线等适当的变化，这种方法往往显得比较灵活。

在空间设计中大量出现的还是不对称的动态均衡手法，通过处理三维形体，即通过左右、前后等方面的综合思考以求达到平衡的方法。因为没有严格的约束，适应性强，显得生动活泼。通过大量现代公共空间作品，我们可以看出不对称均衡的审美观正成为现代空间设计的新方向。

稳定：着重考虑空间整体上下之间的轻重关系。传统的稳定法则体现在空间形体的下大上小、下重上轻、下实上虚这几个方面。随着工程技术的进步，现代设计师则不受这些约束，创造出许多同上述原则相对立的前卫的空间形式，如图2－31所示

图2—30　比利时Médiacité购物中心

图2—31　釜山Xi美术馆大厅

### 2.3.2　对比与微差

对比：是指设计诸要素之间的差异比较明显；微差：则是指设计诸要素之间的比较小的变化。当然，这两者之间的界线也很难确定，不能用简单的公式加以说明。对比的目的是借助于设计要素之间的互相烘托、陪衬求得变化，微差则是借助设计要素彼此之间的协调和连续性以求得调和。没有对比会产生单调，而过分强调对比以致失掉了连续性又会造成杂乱。只有把这两者巧妙地结合起来，才能达到既有变化又协调一致。对比与微差在公共空间构图中主要体现在不同体量、不同形状、不同方向、虚和实、不同色彩和质感之间。巧妙地运用对比与微差对公共空间设计具有重要的意义。

### 2.3.3　韵律与节奏

自然界中的许多事物或现象，往往由于有秩序地变化或有规律地重复出现而激起人们的美感，这种美通常称为韵律美。表现在公共空间方面的韵律可分为四种：连续韵律，渐变韵律，起伏韵律，交错韵律。

1. 连续韵律

一般是以一种或若干种要素连续重复排列，各要素之间保持恒定的关系与距离。具有无限延长的特点，空间形象秩序感强是这种韵律的主要特征。

2. 渐变韵律

在连续韵律的基础上，重复出现的组合要素在某一方面有规律地逐渐变化，例如加长或缩短，变宽或变窄，变密或变疏，变浓或变淡等，便形成渐变的韵律。渐变韵律往往能给人们一种循序渐进的形式感或进而产生一定的空间导向性。

3. 起伏韵律

渐变韵律如果按照一定的规律使之变化，如波浪起伏，这种韵律称为起伏韵律，起伏韵律常常比较活泼而富有动势，如图2－32所示。

图2—32　2015米兰世博会中国馆顶部造型的起伏韵律

4. 交错韵律

两种以上的组合要素互相交织穿插，一隐一显，便形成交错韵律。简单的交错韵律由两种组合要素作纵、横两向的交织、穿插构成；复杂的交错韵律则由三个或更多要素作多向交织、穿插构成。现代空间网架结构的构件往往具有复杂的交错韵律。

韵律与节奏是空间形式美不可分割的两方面，其核心目的是创造多样统一，具有和谐美的空间环境。

### 2.3.4 比例与尺度

古罗马建筑师维特鲁威在《建筑十书》中指出：“比例是指优美的外貌，是组合细部适度的表现关系。当建筑细部的高度与宽度配称，而且宽度同长度配称时，也就是整体具有其均衡对应时，就能够完成这一点。”《建筑十书》中还有关于人体比例和“方形人”的经典论述。达·芬奇根据维特鲁威的描述绘制出著名的《维特鲁威人体》画。在空间设计中，协调的比例可以引起人们的美感，无论是组合要素本身，还是各组合要素之间以及某一组合要素与整体之间，都保持着某种确定的数的制约关系。这种制约关系中的任何一处，如果越出和谐所允许的限度，就会导致整体比例失调。

至于什么样的比例关系能产生和谐并给人以美感，关于比例的研究有以下几种观点：模数比例、比值数列、模度体系。

模数比例：由古希腊毕达哥拉斯学派提出。柏拉图发展了毕达哥拉斯的数字美学，而成为比例美学。他将上述简单的数列进行平方和立方的处理，得到了比值为2和3的数列，1，2，4，8以及1，3，9，27。对柏拉图而言，这些数字以及它们的比值，表达了宇宙的和谐结构。

比值数列：文艺复兴时期的建筑师认为，建筑学是将数学转化为空间单元，提出“比值数列”的法则。

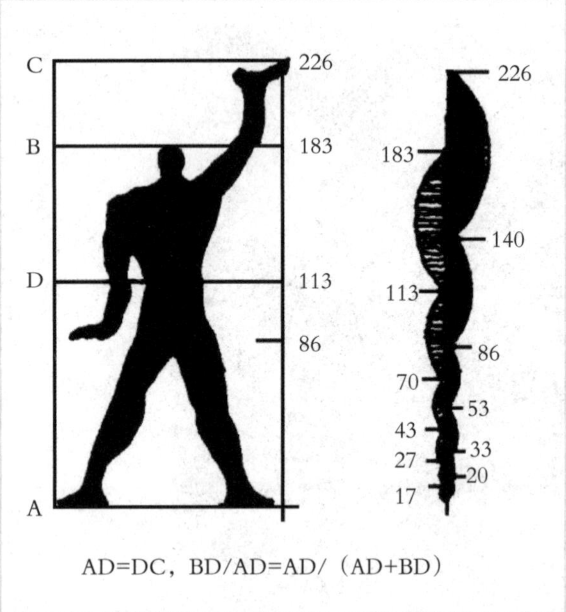


图2—33　柯布西耶的模度体系

模度体系：现代建筑师勒·柯布西耶把比例和尺度结合起来研究，提出“模度体系”。从人体的三个基本尺寸（人体高度1.83m，手上举指尖距地2.26m，肚脐至地1.13m）出发，按照黄金分割引出两个数列：“红尺”和“蓝尺”，用这两个数列组合成矩形网格，由于网格之间保持着特定的比例关系，因而能给人以和谐感，如图2－33所示。

公共空间的形状，实际上都与空间的比例、尺度是密切相关的，直接影响人对空间的感受。因此，在可能的条件下（综合考虑材料、结构、技术、经济、社会、文化等问题后），我们在设计时应选择一个最合理的比例和尺度。这里所谓的“合理”是指适合人们生理与心理两方面的需要。当我们观测一个物体或者说室内空间的大小时，往往运用其周围已知大小的要素作为衡量的标尺。这些已知大小的要素称为尺度给予要素。

我们可以把尺度分成两种类型：

(1) 整体尺度——室内空间各要素之间的比例尺寸关系；

(2) 人体尺度——人体尺寸与空间的比例关系。

在处理室内空间的尺度时，按照功能性质合理地确定空间的高度具有特别重要的意义。在复杂的复合空间中，各部分空间的尺度感往往随着高度的改变而变化，有时因高耸、宏伟使人兴奋、激动；有时因低矮，而使人感到空间压抑、沉闷。但如果合理地利用这些变化而使之与各部分空间的功能特点相一致，则可以获得意想不到的空间效果。尺度感不光在空间大小上能体现出来，在许多细部也能体现出来，如室内结构构件的大小，空间的色彩、图案，门窗开洞的形状、位置，以及房间里的家具、陈设的大小，光的强弱，甚至材料表面的肌理粗细等都能影响空间的尺度。

## 2.4 公共空间造型设计的原则

### 2.4.1 形态要素

形态构成是造型艺术的基础，如果对形态构成的研究范畴各组成部分进行解析，其包括了“形”以及“形”的构成规律。具体地包括了“原形”、“要素”、“结构”、“新形”四个部分。

形态可以分为物质形态和非物质形态等。无论是垂直要素还是水平要素，在限定空间方面都有其主动和被动的作用，这固然与功能要求是分不开的，同时还要顾及人们的审美要求及其他因素进行分类。

物质要素包括：空间围护体、空间结构、空间装饰等。如空间围护体要素：门窗、墙体、屋顶、隔断等；空间结构要素：梁柱、屋架等；建筑装饰要素：雕刻、书画、陈设摆件等。

非物质要素是指：以上物质要素的组织方式和构成规律，以及蕴含其中的审美情趣和文化意义等方面的要素，蕴含于物质要素中的审美情趣和文化意义，是以物质要素的外在形式和内在含义显现出来的，人们通过对传统建筑的欣赏和体验，可以对其予以认识和理解。

既然任何形态都是由要素组成的，那么这些构成要素也就必然存在着某些一般性的规律。人们通过对形态要素的不断探究，发现如果抹掉形态要素的物质特性和非物质特性，只是将其作为纯粹的、抽象的，但又是基本的造型要素，探讨其视觉特性以及视觉—心理感受方面的影响等，就可以把形态要素分为这样几个层次：基本要素、限定要素和基本形。三者的关系是，基本要素是限定要素和基本形的前提和基础；限定要素是在基本要素的基础上发展而来的，是构成形态不可或缺的要素；基本形也离不开基本要素，由于任何复杂的形态都可以分解为简单的基本形，所以常常又把基本形直接作为基本单元来构成形态。

### 2.4.2 基本要素

基本要素是由抽象化的点、线、面、体所组成的，由于点、线、面、体抹掉了物质特性和非物质特性，所以，常常又把点、线、面、体称之为概念要素。点、线、面、体在一定的方式条件下是可以相互转化的，这也说明对点、线、面、体的界定是人为的和相对的。

1. *点要素*

点有细小的痕迹、地点、限定等基本含义。从概念上讲，点没有长度、宽度和深度。然而，点的大小是有相对性的。在形态构成中，当一个基本形相对于周围环境的基本形较小时，这个基本形就可以看成是一个点。一个点可以用来标志：一条线的两端点，两条线的交点，面或体的角点以及一个范围的中心形态中的各种点要素。除实的点以外，由于视觉上的感受不同，又会形成虚的点、线化的点和面化的点。虚的点是相对于实的点而言的，是指由于图形的反转关系而形成的点的感觉。线化的点是指点要素以线状的排列形式而形成的线的感觉。面化的点是指点要素在一定范围内排布而形成的面的感觉。

点没有体型或形状，但在室内空间中，点是处处可见的。较小的形都可以称为点，点可以起到在空间中标明位置或使人的视线形成集中注视的作用，因而点是静态的、无方向的。只要相对于点所处的空间来说足够小，而且是以位置为主要特征的，都可以看做点。例如一幅小装饰画，对于一面墙，或一件家具，对于一个房间，都可以完全作为视觉上的点来看待。形状与背景有明显反差的点，或者色彩突出的点，特别是动的点更能引领顶部的灯饰在空间中成为点要素令人注目。贝聿铭设计的华盛顿博物馆东馆大厅里著名的动感雕塑，之所以令人注目，不仅因其形状奇特，色彩亮丽，而且还随着气流缓缓移动，使得这一景观必然成为空间中的视觉中心，如图2－34所示。

有时一个点太小不足以成为视觉重点时，可以用多个点组合成群，以增加其分量，平衡视觉。点可以有规律地排列，形成线或面的感觉；也可以以自由形式出现，形成一个区域；或按照某种几何关系排列以形成某种造型，如图2－35所示。

点的心理感受：当点存在于某环境，并位于一个范围内的中心时，使人有静态感、无方向感；而当点偏移范围内的中心位置时，则使人有动态感和方向感。

图2—34　点所形成的视觉中心

图2—35　群体点的组合形成流畅的曲面

2. 线要素

"线"有细长的事物、路线、界线等基本含义。从概念上讲，线应是有长度，但没有宽度和深度。在建筑空间中，作为线出现的视觉现象是很多的。垂直线条的感觉一般是向上、崇高、坚韧、理智等；水平线则是稳定、舒缓、安静、平和等；斜线给人的感觉则是不安定和动势，而且多变。

直线与曲线相比，显得比较单纯而明确，一般给人带来规整、简洁、富有现代气息感，由于线的本身的比例、材质、色彩等的不同仍会有很大差异。粗短的线条比较强而有力，细长的线条则显得较为纤弱细腻，曲线常给人带来与直线不同的各种联想，抛物线流畅悦目，富有速度感，螺旋线具有升腾感和生长感，圆弧线规整、稳定，有向心的力量感。

一般来说，在建筑空间中，曲线总是显得比直线更富有变化、更丰富和复杂。曲线可以打破这种呆板的感觉，会使空间环境更具有亲切感和人性魅力，如图2－35所示。当然，曲线的运用要适可而止，恰到好处，繁简得当，否则会使人感到杂乱无序，有矫揉造作之媚态。不同样式的线以及不同的组合方式有时还可以具有地域风格、时代气息或人（设计师或使用者）的性格特征。

线的心理感受：一条线的方位或方向在视觉感受方面起着较大的作用。垂直线给人重力感、平衡感；水平线给人稳定感；斜线给人动态感；曲线则给人张力感和运动感。

3. 面要素

"面"有表面、方面、前面等基本含义。从概念上讲，一个面有长度和宽度，但没有厚度，所以，面是二维的，可以看成是轨迹线的展开、围合体的界面。

在公共空间设计中，最常见的面莫过于顶面、墙面和基面。

顶面：可以是房顶面，也可以是吊顶面，是内部空间中的遮蔽或装饰构件。

墙面：是视觉上限定空间和围合空间的最主要的要素。直面最为常见，绝大部分的墙面都是以直面为主的；斜面可以为规整的空间带来变化，使空间显得比较低矮而具有亲近感与透视感。在视线以下的斜面常常具有功能上较强的引导性，具有一定动势，使空间富有流动性，如图2－36所示。

图2－36　亲切而丰富的斜面组合空间

在空间中，曲面同样也很常见。曲面可以是水平方向的，也可以是垂直方向的，常与曲线联系在一起共同为空间带来变化。曲面内侧的区域感较为明显，人可以有较强的安定感和私密性，而在曲面外侧的人会更多地感到曲面对空间和视线的导向性。曲面的效果多的是流畅舒展，富有弹性和活力，为空间带来流动性和明显的方向性，引导人们的视线与行为，如图2-37所示。

地面：是空间中一个重要的设计要素。地面起到视觉背景的作用，以衬托在空间中可以看到的其他要素。可以把地板面做成台阶或平台，以把空间的尺度分成适合于人们的量度；也可以将地板面局部抬高或下沉，以显示一个较强的领域，如图2－38所示。

图2—37　流畅而具有活力的曲面形态

图2—38　地面抬高而形成的空间

作为一个设计要素，墙面可以和地板面或顶棚面共同发挥作用，或者被设计成一个孤立的面，为空间中的其他要素当做中性的背景，或者使墙面成为视觉上的一个活跃因素。

通常与地面和墙面比较密切，而顶棚相对较远，成为空间中纯视觉的要素。顶棚可以和建筑的形式相呼应或者直接展现出顶棚的结构，也可以重新吊顶，创造一种全新的顶棚造型。顶棚形式，可以是曲面，可以升起或下降以改变空间的尺度，或者限定空间中的局部区域，也可以控制空间的光线或音响质量，还可以对空间影响很小，或者成为空间的主要统一的整体要素。

面的心理感受：面给人的心理感受主要是一种范围感，面是由形成面的边界线所确定的。面的色彩、质感等要素也将影响到面在人们心理感受上的重量感和稳定感。

4. 体要素

“体”在几何学中具有长、宽、高三维的形体等基本含义。从概念上讲，一个体有三个量度，即长度、宽度和深度。在形态构成中，体可以看成是点的角点、线的边界、面的界面共同组成的。然而，在体的另一种基本类型曲面体中，角点、边界和界面却并不存在。形态中的各种体要素除实体、虚体以外，由于人们视觉上的感受不同，又会形成点化的体、线化的体和面化的体。

体可以是规则的几何形体，也可能是不规则的自由形体，“体”常与“量”、“块”等概念相联系，体的重量感与其造型，各部分之间的比例、尺度、材质甚至色彩等有关，例如同是粗大的柱子，表面贴铝板或者包上镜面不锈钢板，重量感会大不相同。具有重量感的体能使其周围的空间也具有稳定、坚实的气质，由巨大的实体构件所构成的空间显示静态而稳重，如图2－39所示。

体的心理感受：由完全充实的面围合的实体给人以坚实感、封闭感；而由较多虚空的面围合而成的虚体则给人以轻盈感和通透感，如图2－40所示。

图2—39 静态而稳重的前台空间

图2—40 轻盈、通透的玻璃盒子

### 2.4.3 空间限定要素

1. 水平要素

公共空间中，水平要素常以面或线面的形式体现，主要还是以面为基本特征。

(1) 基面

室内空间中常常用对基面的明确表达，使之划定出一个空间领域，以表示明确的功能分区。

① 基面抬起

基面抬起是指，抬高基面的局部，将在大空间范围内创造一个空间领域，沿着抬高面的边缘高度变化，限定出这一领域的界限。人们在这个领域内的视觉感受，将随着抬起面的高度变化而变化。

抬高的空间领域与周围环境之间的空间和视觉连续的程度，是依赖抬高的尺度变化而维系的。一般存在下列几种可能性：一是抬起高度较低，视觉及空间的连续性不受影响，人们感觉较易接近。当抬起高度稍低于正常人的高度时，某些视觉的连续性尚可以得到维持，但空间的连续性就被中断了。当抬起高度超过了正常人的高度许多时，人们的视觉与空间的连续性都被中断，便形成一个空间夹层。

一般抬起的面所限定的领域，其位置居于空间的中心或轴线上，则容易在视觉上形成焦点，可以表现该空间领域的外向性或重要性。

② 基面下沉

基面下沉也可以明确一个空间范围，可以用下沉的垂直表面来限定。这些界限不是靠心理暗示形成的，而是可见的边缘。基面下沉与基面抬起也是“形”与“底”的相互转换。若基面下沉的位置沿着空间的周边地带，那么，中间地带就成了相对的“基面抬起”。

基面下沉的范围和周围地带之间的空间连续程度，取决于深度变化的尺度，增加下沉范围的深度，可以削弱该领域与周围空间之间的视觉关系，并加强该领域作为一个不同空间体积的明确性。一旦下沉到使原来的基面高出人们的视平面时，下沉范围实际上本身就变成了一个独立的空间。下沉空间，则暗示着空间的内向性或私密感。

(2) 顶面

顶面：可以限定其本身和地面之间的空间范围，所以其空间的形式由顶面的形状、尺寸以及距地高度所决定。一个顶面，可以限定出一个不连续的空间体积。

利用垂直的线要素，如柱子来支撑顶面，这些线要素将有助于从人们的视觉上形成界定空间的界限，如果顶面下的基面，通过高差变化的处理，那么限定空间体积的界限将会在视觉上得到加强。

空间的顶面也可以与结构分离开，形成空间中视觉上的积极因素。也可以使顶棚变成相互间隔的特殊造型，强化空间氛围和趣味性，甚至可以与墙面自然连成一体，如图2－41所示。顶面的形式、色彩、材质或图案，都能影响到空间的整体效果。

2. 垂直要素

对于水平面所限定的空间范围，其垂直边缘是暗示性的。如图2－42所示，主要是通过垂直的形式要素从视觉上建立起一个空间的垂直界限。垂直的形体是限定空间体积以及给人们提供强烈的围合感的一个手法。垂直要素可以用来起承重作用，还可以控制室内外空间环境之间的视觉及空间的连续性，同时还有助于约束室内空间的气流、采光和音响等。

图2－41　顶面与墙面自然连成一体形成的虚拟空间

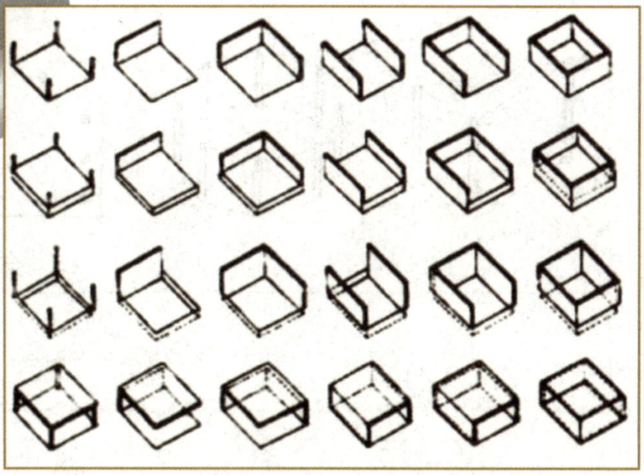

图2－42　垂直的形式要素从视觉上建立起一个空间的垂直界限

（1）垂直线要素

垂直的线要素，最易理解的就如一根柱子，一根独立的柱子是没有方向性的，但两根柱子就可以限定一个面。一根柱子会明确围绕这根柱子的空间，并且与空间的围护物相互影响。柱子本身可以依附于墙面，以表明墙的表面，柱子也可以强化一个空间的转角部位，并且减弱墙面相交的感觉，柱子在空间中独立，可以限定出空间中各局部空间地带。

若柱子位于空间的中心，柱子本身将确立为空间的中心，并且在柱子本身和周围墙面之间划定相等的空间地带。若柱子偏离中心的位置，将划定不等的空间地带，其尺寸、形式和位置都会有所不同。

垂直线要素可以用来终结一个轴线，标出一个空间的中心点，或者为沿其边缘的空间提供一个视觉焦点，成为一个象征性的要素。柱子形成的垂直线要素，强化了空间体积的边缘。还以柱子为例，一排列柱或一个柱廊，可以限定空间体积的边缘，同时又可以使空间及周围之间具有视觉和空间的连续性，列柱与柱廊也可以依附于墙面，形成壁柱，表达出其表面的形式、韵律和比例。作为垂直线要素的柱子，加强了空间的视觉感受，大空间的柱网，能建立一种固定的、中性的（交通要素除外）空间领域。在这里面，内部空间可以自由分隔和划分，如图2－43所示。

（2）垂直面要素

以独立的垂直面为例，垂直面单独直立在空间中，其视觉特点与独立柱不同。可以把垂直面当做无限大或无限长的面的一部分，是穿越和分隔空间体积的一个片断。

单一垂直面的两个表面，可以完全不同。面临着两个相似的空间，或者垂直面的两个表面在形式、色彩和质感上不同，以适应或表达不同的空间条件，如图2－44所示。

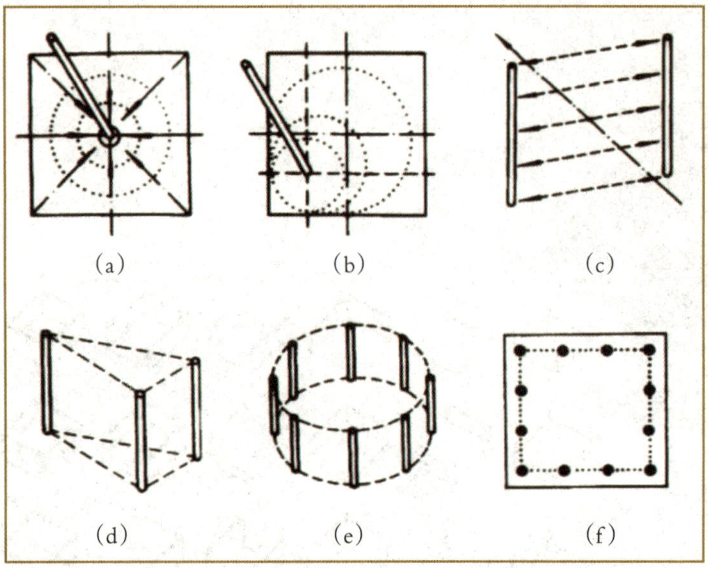

图2－43 柱子形成的垂直线要素

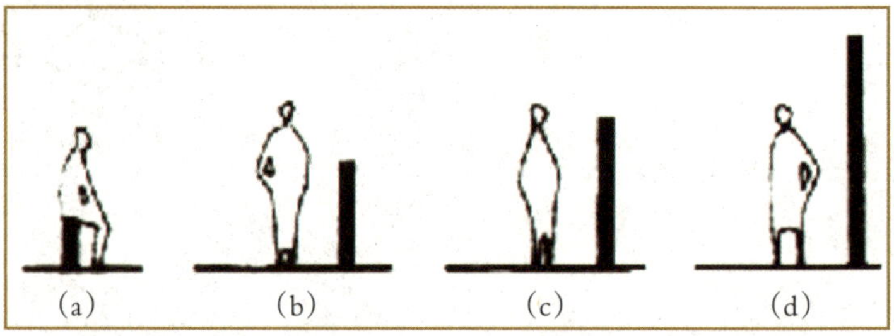

图2—44 单一垂直面

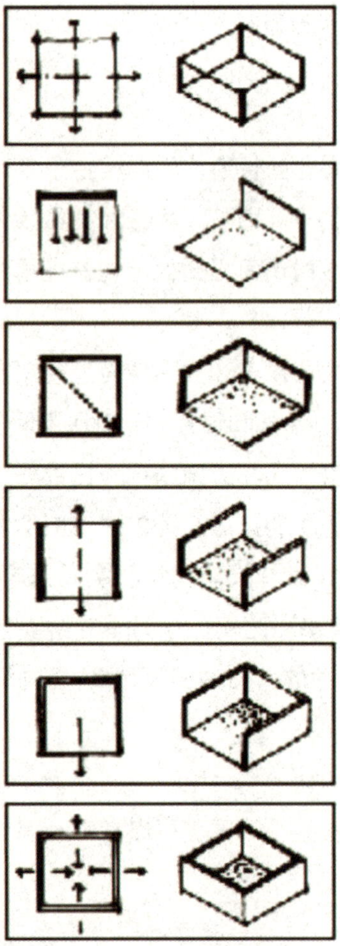
图2－45 垂直面的限定方式

单一垂直面并不能完成限定其所面临空间范围的任务，只能形成空间的一个边缘。为了限定一个空间体积，单一垂直面必须与其他的形式要素相互起作用。这就牵涉到面自身的比例、尺度、空间及其他形式要素的关系。同时，单一垂直面的高度影响到面从视觉上表现空间的能力。面的高低，对空间领域的围护感起着很大作用，同时，面的表面色彩、质感和图案将影响到我们对面的视觉分量、比例和量度的感知。但垂直的面要素不见得只是独立的，还有一些其他形式，如L形垂直面、平行的垂直面、U形的垂直面、“口”形垂直面，如图2－45所示。

①L形垂直面在室内空间中运用得不多。如果把L形的转角沙发的靠背算做垂直面，那么这类垂直面用在空间中就算是很常见了。有时再加上茶几，特别是地毯，使其区域感显得更加强烈。

②平行的垂直面限定出的范围，能给空间一种强烈的方向感和外向性。有时通过对基面的处理，或者增加顶部要素的方

法，从视觉上使空间得到加强。一些公共建筑的室内走廊在这方面体现得就很突出。但如果两个平行面相互之间在形式、色彩或质感上有所变化，那么就会使空间的限定产生视觉上的干扰和分散，轴线感会被冲淡，空间感也会受到冲击。因此，限定一个交通空间的平行垂直面，可以是实的、不透明的，也可以由一面或两面都敞开的列柱、玻璃形成。这样，通道就变成了整体空间的一部分。

③ U形的垂直面，其开敞的一端是该造型的基本特征。因为相对于其他三个面而言，其开敞端具有独特的有利方位，允许该范围与相邻空间保持视觉上和时间上的连续性。若把基面延伸出该造型的开敞端，就可以在视觉上加强这个空间范围进入相邻空间的感觉。

室内空间的U形围护物，由于朝着开敞的一端具有明确的方向性，并且在尺度上可以存在较大的变化，因此，这种造型常以凹入空间或墙的壁龛等来具体表现。

④ “口”形垂直面，由四个垂直面围合而成，界定出一个明确而完整的空间范围。同时，也使内部空间与外部空间互相分离开来。这大概是最典型的建筑空间限定方式，当然，也是限定作用最强的一种方式。

### 2.4.4 综合要素

由于空间是一个整体，在大多数情况下，空间都是通过水平要素和垂直要素的综合运用、相互组合来构成的。也就是说，通过水平要素的基面、基面下沉、基面抬起、顶面、垂直要素的垂直线、单一垂直面、平行垂直面、L形垂直面、U形垂直面、“口”形垂直面相互配合来形成的。虽然通过部分水平要素或各种垂直要素可以形成“外部空间”，通过部分水平要素可以形成“灰空间”，但要生成“内部空间”则要依赖于综合要素，亦即，水平要素和垂直要素的综合构成。

综合要素的心理感受：与水平要素和垂直要素相比较，空间的封闭感最强，内向性最为显著，空间形态也更加趋于明确和完整。

# 3 第3章 公共空间与人机工程学

## 3.1 公共空间中的光环境

在大型公共建筑中，光不仅是为满足人们视觉功能的需要，而且是一个重要的美学因素。光可以形成空间、改变空间或者破坏空间，光直接影响到人对物体大小、形状、质地和色彩的感知。所以，不仅要充分考虑照明的功能要求，还要重视整个室内空间的艺术气氛。公共场所的照明是给人创造舒适的视觉环境，以及具有良好照度的工作环境，并配合室内的艺术设计起到美化空间的作用。

### 3.1.1 光环境中照明的基本概念

1. 照度

人眼对不同波长的电磁波，在不同的辐射量时，有不同的明暗感觉，人眼的这个视觉特性称为视觉度，并以光通量作为基准单位来衡量。

光通量的单位为流明（lumen），光源的发光效率的单位为流明／瓦特。

光源在某一方向单位立体角内所发出的光通量称为光源在该方向的发光强度，单位为坎德拉（cd）。被光照的某一面上其单位面积内所接收的光通量称为照度，其单位为勒克斯（lx）。

2. 光色

光色主要取决于光源的色温，并影响室内的气氛。色温低，感觉温暖；色温高，感觉凉爽。一般色温＜3300K为暖色，3300K＜色温＜5300K为中间色，色温＞5300K为冷色。光源的色温应与照度相适应，即随着照度的增加，色温也应相应提高。

设计者应联系光、目的物和空间的彼此关系，判断其相互影响。光的强度能影响人对色彩的感觉，如红色的帘幕在强光下更鲜明，而弱光将使蓝色和绿色更突出。设计者应有意识地去利用不同色光的灯具，调整使之创造出所希望的照明效果。

3. 亮度

亮度作为一种主观的评价和感觉，和照度的概念不同，亮度是表示由被照面的单位面积所反射出来的光通量（luminous flux），也称为发光亮，因此与被照面的反射率有关。例如在同样的照度下，白纸看起来比黑纸要亮。有许多因素影响亮度的评价，诸如照度、表面特性、视觉、背景、注视的持续时间甚至包括人眼的特性，等等。

4. 显色性

例如红色的物体，实际上是物体吸收了照在物体上面的白色光，反射了其光谱中红色的部分，吸收光的波长和反射能量的强度依赖于被照表面的化学组成。例如光滑闪亮的表面，无论什么颜色，都比同一颜色无光泽的表面反射更多的光。

如果光源的颜色发生变化，那么反射的颜色也会变化。例如夜间道路照明用的钠灯，其中的黄光使物体形状清晰可辨，却减小了物体颜色的表现范围，于是蓝色的物体看起来是黑色的，白色的物体变成黄色。这里我们的颜色记忆开始发挥作用，让我们能够判断物体原本的颜色。

颜色显色性对于照明设计师是极其重要的。不同的物体表面有其自己的色值（物体吸收或反射的颜色光谱范围）。物体也有反射系数值（即无论什么颜色，物体反射的光量）。用绿色的光泽涂料粉刷的墙面色值，反射系数很高；同样的墙面刷成无光泽的反射系数较低。因此，对设计师而言最重要的变量是光色和反射系数。

人工光源的光色显色指数$R_a$最大值为100，80以上显色性优良；50～79显色性一般；50以下显色性差。

白炽灯$R_a=97$；卤钨灯$R_a=95\sim99$；白色荧光灯$R_a=55\sim85$；日光灯$R_a=75\sim94$；高压汞灯$R_a=20\sim30$；高压钠灯$R_a=20\sim25$；氙灯$R_a=90\sim94$。

### 3.1.2　光源的类型

光源类型可以分为自然光源和人工光源。

1. 自然光源

白天，自然光的来源是日光；夜间则以反射月亮光的方式获得自然光，还有星光作补充。白天的自然光源由直射地面的阳光和天空光组成。太阳连续发出的辐射能量相当于约6000K色温的黑色辐射体，但太阳的能量到达地球表面，经过化学元素、水分、尘埃微粒的吸收和扩散，被大气层扩散后的太阳能产生天光，天光才是有效的日光光源。当太阳高度角较低时，太阳光谱分布中的短波成分相对减少更为显著，在朝、暮时，天空呈红色。当大气中的水蒸气和尘雾多，混浊度较大时，天空亮度高而呈白色。

2. 人工光源

人工光源的灯具主要有：白炽灯、荧光灯、高压放电灯、LED灯等。

（1）白炽灯的构造由两金属支架之间的一根灯丝，在气体或真空中发热而发光。在白炽灯光源中发生的变化是增加玻璃罩、漫射罩，以及反射板、透镜和滤光镜等进一步控制光。白炽灯的优点：光源小、便宜；具有种类极多的灯罩形式，并配有轻便灯架、顶棚和墙上的安装用具及隐蔽装置；通用性大，彩色品种多；具有定向、散射、漫射等多种形式；能用于加强物体立体感；白炽灯的光色最接近于太阳光色。白炽灯的缺点：其暖色和带黄色光，对所需电的总量说来，发出的光通量较低，产生的热为80%，光仅为20%；使用寿命相对较短。

（2）节能冷光灯，在灯泡玻璃壳面镀有一层银膜，银膜上面又镀一层氧化钛膜，可以把红外线反射回去加热钨丝，而只让可见光透过，因而大大节能。使用这种100W的节电冷光灯，只耗用相当于40W普通灯泡的电能。

（3）卤钨灯，体积小、寿命长。卤钨灯的光线中含有紫外线和红外线，因此受到卤钨灯长期照射的物体都会褪色或变质。

（4）氖管灯（霓虹灯）多用于商业标志和艺术照明。形成霓虹灯的色彩变化是由管内的荧粉层和充满管内的各种混合气体，并非所有的管都是氖蒸汽，氩和汞也都可用。霓虹灯和所有放电灯一样，必须有镇流器能控制的电压。霓虹灯相当费电，但较为耐用。

（5）LED，被公认为新一代的环保型高科技光源。LED照明是由超导发光晶体产生超高强度的灯光，LED发出的热量很少，具有高光效能，比传统霓虹灯节省电能80%以上，工作安全可靠。LED光源具有寿命长、光效高、无辐射与低功耗等特点。LED的光谱几乎全部集中于可见光频段，其发光效率可达80%~90%。

LED光源的优点：LED运用冷光源，眩光小，无辐射，使用中不产生有害物质。LED的工作电压低，采用直流驱动方式，超低功耗（单管0.03~0.06W），电光功率转换接近100%，在相同照明效果下比传统光源节能80%以上。LED的环保效益更佳，光谱中没有紫外线和红外线，而且废弃物可以回收，没有污染，不含汞元素，可以安全触摸，属于典型的绿色照明光源。LED为固体冷光源，使用寿命长，LED采用环氧树脂封装，抗震动，灯体内也没有松动的部分，不存在灯丝发光易烧、热沉积、光衰等缺点，使用寿命可达60000~100000h，是传统光源使用寿命的10倍以上。LED性能稳定，可在－30℃~＋50℃环境下正常工作。LED光源多变换，可利用红、绿、蓝三基色原理，在计算机技术控制下使三种颜色具有256级灰度并任意混合，即可产生256×256×256种颜色，形成不同光色的组合。LED组合的光色变化多，可以实现丰富多彩的动态变化效果及各种图像。与传统光源的发光效果相比较，LED光源是低压微电子产品，成功地融合了计算机技术、网络通信技术、图像处理技术和嵌入式控制技术等。传统LED灯中使用的芯片尺寸为0.25mm×0.25mm，而照明用LED的尺寸一般都要在1mm×1mm以上。LED裸片成型的工作台式结构、倒金字塔结构和倒装芯片设计能够改善其发光效率。目前一个典型的高光通量LED器件能够产生几流明到数十流明的光通量，更新的设计可以在一个器件中集成更多的LED，或者在单个组装件中安装多个器件，从而使输出的流明数相当于小型白炽灯，如图3－1所示。

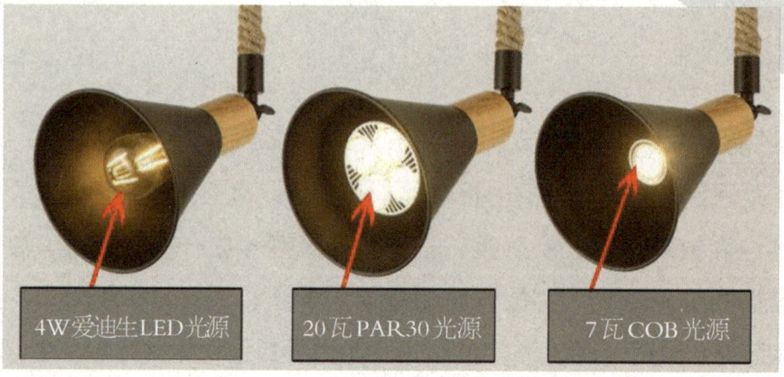


图3－1 LED射灯

不同类型的光源，具有不同色光和显色性能，对室内的气氛和物体的色彩产生不同的效果和影响，应按不同需要选择。

### 3.1.3　照明方式

在光环境中如果对光源不加处理，既不能充分发挥光源的效能，也不能满足室内照明环境的需要，有时还能引起眩光的危害。直射光、反射光、漫射光和透射光，在室内照明中具有不同用处。在一个空间内如果有过多的明亮点，不但互相干扰，而且造成能源的浪费。如果漫射光过多，也会由于缺乏对比而造成室内气氛平淡，甚至因其不能加强物体的空间体量而影响人对空间的错误判断。因此，利用不同材料的光学特性，利用材料的透明、不透明、半透明以及不同表面质地制成各种各样的照明设备和照明装置，重新分配照度和亮度，根据不同的需要来改变光的发射方向和性能，是室内照明应该研究的主要问题。

照明方式按灯具的散光方式分为：

1. 间接照明

由于将光源遮蔽而产生间接照明，把光射向顶棚或其他表面，从这些表面再反射至室内。若间接照明紧靠顶棚，几乎可以造成无阴影，是最理想的整体照明，如图3－2所示。从顶棚和墙面上端反射下来的间接光，会造成天棚升高的错觉。上射照明是间接照明的另一种形式，筒形的上射灯可以用于多种场合，如在房角地上、沙发的两端、沙发底部和植物背后等处。上射照明还能对准一个雕塑或植物，在墙上或天棚上形成有趣的影子。

图3—2　反光灯槽的间接照明

2. 半间接照明

半间接照明将60%～90%的光向天棚或墙面上部照射，把天棚作为主要的反射光源，而将10%～40%的光直接照于工作面。从天棚来的反射光，趋向于软化阴影和改善亮度比，由于光线直接向下，照明装置的亮度和天棚亮度接近相等。可以漫射的半间接照明灯具，对阅读和学习更可取，如图3－3所示。

图3—3　柔和的半间接照明形式

3. 直接间接照明

直接间接照明装置，对地面和天棚提供近于相同的照度，即均为40%～60%，而周围光线只有很少一点，这样就必然使得在直接眩光区的亮度是低的。这是一种同时具有内部和外部反射灯泡的装置，如某些台灯和落地灯能产生直接间接光和漫射光。

图3－4　宽光束的直接照明

图3－5　高集光束的下射直接照明

4. 漫射照明

漫射照明装置，对所有方向的照明几乎都一样，为了控制眩光，漫射装置圈要大，灯的瓦数要低。

5. 半直接照明

在半直接照明灯具装置中，有60%～90%光向下直射到工作面上，而其余10%～40%光则向上照射，由下射照明软化阴影的光的百分比很少。

6. 宽光束的直接照明

宽光束的直接照明具有强烈的明暗对比，并可以造成有趣生动的阴影，由于其光线直射于目的物，若不用反射灯泡，会产生较强的眩光。鹅颈灯和导轨式照明属于这一类，如图3－4所示。

7. 高集光束的下射直接照明

高集光束的下射直接照明因高度集中的光束而形成光焦点，可以用于突出光的效果和强调重点的作用，这类照明可以提供在墙上或其他垂直面上充足的照度，但应防止过高的亮度比，如图3－5所示。

### 3.1.4　常用空间环境照明设计

吊灯：选择吊灯时，应注意不同层高的房间的差别。空间高度较大的厅堂适合吊灯，若房间空间较矮，常采用吸顶灯或暗灯。

暗藏灯和吸顶灯：将灯具放在顶棚里称为暗藏灯，灯具紧贴在顶棚上称吸顶灯。灯和建筑物天棚的装修相互结合，可以形成和谐美观的统一体。

壁灯：壁灯是安装在墙上的灯，用来提高部分墙面亮度，主要以本身的亮度和灯具附近表面的亮度，在墙上形成亮斑，以打破大片墙的单调气氛。壁灯强调了几何图形的韵律，获得整体的装饰效果。

具体的处理手法有以下几点：

(1) 发光天棚。发光天棚是为获得稳定的照明条件，模仿天然采光的效果而设计的。在玻璃吊顶至天窗之间的夹层里装灯，便构成发光天棚。其构造方法有两种：一是把灯具直接安装在平整的楼板下表面，再用钢框架做成吊天棚的骨架，铺上某种扩散透光材料；二是使用反光罩，使光线更集中地投到发光天棚的透光面上。发光天棚的效率高低取决于透光材料的透光系数和灯具结构。为了不超过人眼觉察出的不均匀亮度比限（1∶1.4），设计时应使灯的间距和灯具至天棚表面的距离之比保持在一定的范围内，如图3－6所示。

(2) 光梁和光带。将发光天棚的宽度缩小为带状发光面，就成为光梁或光带。光带的发光表面与天棚表面平齐，光梁则凸出于天棚表面，光带的轴线最好与外墙平行布置，并且使第一排光带尽量靠近窗户，这样可以使灯光照明和天然光线方向一致，如图3－7所示。光带的间距应不超过发光表面到工作面距离的1.3倍，以保持照度均匀。为提高采光效率，可以采取缩小光带断面高度，将断面做成平滑曲线，反射面保持高的反光系数等措施。

(3) 格片式发光天棚。为了解决发光天棚、光带、光梁起眩光的矛盾，常采用格片式发光天棚。格片式发光天棚的构造原理为：格片是用金属薄板或塑料板组成的网状结构，其遮光角常做成格片上方的光源，把一部分光直射到工作面上，另一部分则经过格片反射或反射兼透射后进入室内，这样即使格片表面涂黑，室内仍有一定照度。格片天棚除了具有亮度较低、可控制表面亮度的优点外，还具有以下优点：很容易通过调节格片与水平面的倾角，得到指向性的照度分布；直立格片比平放的发光天棚积尘机会少；外观比透光材料做成的发光天棚生动；亮度对比小。这也是格片天棚照明形式在现代建筑中极为流行的原因，如图3－8所示。

图3—6　发光天棚

图3—7　光带反射效果

图3－8　格片天棚照明形式

(4) 反光照明设施。反光照明是将光源隐藏在灯槽内，利用顶棚或其他表面做成反光表面的一种照明方式。反光照明具有间接型灯具的特点，又是大面积光源，光的扩散性极好，可以使室内完全消除阴影和眩光。由于光源的面积大，只要布置方法正确，就可以取得预期的效果。设计时应注意以下因素：灯槽至反光面的高度不能太小，应与反光面的宽成一定比例；光源在灯槽内的位置，保证站在房间另一端的人看不见光源；光源到墙面的距离不能太小，如荧光灯管，应不小于10～15cm，荧光灯管最好首尾相接。

### 3.1.5 空间光环境设计概念

空间光环境设计，包括天然采光和人工照明两种。

1. 天然采光

天然光的采光设计，就是利用日光的直射、反射和透射等性质，通过各种采光口设计，给人以良好的视觉和舒适的光环境。

图3—9 透过玻璃的天光效果

不同窗形有不同的作用，给人以不同的感受。水平窗可以使人感到舒展、开阔；垂直窗可以取得条屏挂幅式构图景观和大面积实墙；落地窗可以取得同室外环境的紧密联系感；高窗台可以减少眩光，取得良好的安定感和私密性；透过天窗可以看到天光的云影，并提供时光信息，使人有置身于大自然的感觉。而各种漏窗、花格窗，由于光影的交织，似透非透，虚实对比，使自然光投射到粉墙上，而产生变化多端、生动活泼的景色。各种洞口、柱廊、隔断、矮墙以及建筑构部件，同窗户一样，也可以使天然光在室内产生各种形式多样、变幻莫测的阴影，丰富多彩的视觉形象。

大多数室内环境都是利用光的透射特性，使天然光透过窗玻璃照亮室内空间的，因此窗玻璃就成了滤光器。人们利用各种玻璃的特性，又在室内造成不同感受的采光效果，无色的白玻璃给人以真实感，磨砂白玻璃使人产生朦胧感，玻璃砖给人以安定感，彩色玻璃给人以变幻神秘感，如图3－9所示。

2. 人工照明

人工照明设计就是利用各种人造光源的特性，通过灯具造型设计和分布设计，造成特定的人工光环境。由于光源的革新、装饰材料的进步，人工照明已不只是满足室内一般照明、工作照明的需要，而进一步向环境照明、艺术照明发展。人工照明在大型公共建筑室内环境中，已成为不可缺少的环境设计要素。利用灯光指示方向，利用灯光造景，利用灯光营造空间氛围等，都是人工照明工作的体现。

## 3.2　公共空间中的色彩环境

色彩是空间语言中重要且最具表现力的要素之一。当论及色彩时，我们并不只是指视觉现象的一个特殊的方面，而是指一个专门的知识体系，比如，空间艺术常用的表色体系是蒙赛尔色彩体系，如图3－10所示。在公共空间中，应注重色彩对人们的心理和生理的作用，色彩设计师利用人们对色彩的视觉感受，来创造富有个性、层次、秩序与情调的环境。

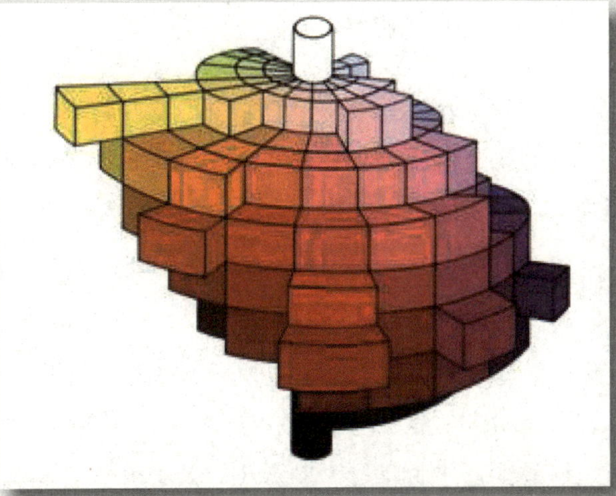

图3—10　蒙赛尔色彩体系三维模型

### 3.2.1　色彩对比

色彩的对比，是指色彩之间存在的矛盾。各种色彩在构图中的面积、形状、位置和色相、纯度、明度以及对人们心理刺激的差别构成了色彩之间的对比，如图3－11所示。这种差别愈大，对比效果就愈明显，缩小或减弱这种对比效果就趋于缓和。从一定意义上讲，装饰色彩配合都带有一定的对比关系，因为各种色彩在构图中并不是孤立出现的，而总是处于某种色彩的环境之中，因此色彩对比作用在色彩构图中是客观存在的，不过在表现形式上有时强，有时弱。装饰色彩诱人的魅力常常在于色彩对比因素的妙用。

图3—11　明度对比

1. 色相对比

色相对比是指利用各色相的差别而形成的对比。色相对比的强弱可以用色相环上的度数来表示。

2. 同时对比

同时对比是指两种色彩同时所产生的对比。

3. 续时对比

续时对比是指先看了某种颜色，然后接着看另外一种颜色时产生的对比。

4. 明度对比

同时对比是指当相同明度的灰色分别与黑和白同时对比时，与黑并置在一起的灰色显得亮一些，而与白并置在一起的灰色显得暗一些。

5. 纯度对比

纯度对比是指当无彩色系的灰色与鲜艳的色彩同时对比时，灰色就会显得更加灰，艳色显得更加鲜艳。

6. 冷暖对比

冷暖对比是指当暖色与冷色同时对比时，暖色就会显得更暖，冷色显得更冷。

7. 面积对比

面积对比是指面积大小不同、颜色不同的色彩配置在一起时，面积大的色彩容易形成基调，面积小的色彩容易突出，形成点缀色。

### 3.2.2 色彩的特性

1. 色彩的冷暖

外界物体通过表面色彩可以给人们或温暖或寒冷或凉爽的感觉，一般说温度感觉是通过感觉器官触摸物体而产生的，但物体可以借助色彩给人一定的温度感觉。

暖色：红、橙、黄等颜色使人想到阳光、烈火；

冷色：绿、青、蓝等颜色与黑夜、寒冷相联系；

红色给人积极、跃动、温暖的感觉；

蓝色给人恬静、消极的感觉；

绿与紫是中性色彩，刺激小，效果介于红与蓝之间，中性色彩使人产生休憩、轻松的情绪，可以避免产生疲劳感。

图3—12 冷暖对比的空间清新而活泼

人对色彩的冷暖感觉基本取决于色调，所以按暖色系、冷色系、中性色系的分类划分法比较妥当。然而，严加分析则不难发现有些颜色既属于暖色系也属于中性色系，色彩的冷暖归属不能一概而论。从色彩的特性考虑，暖色系色彩的饱和度愈高，其温暖的特性愈明显，而冷色系色彩的亮度愈高，其寒冷的特性愈明显，如图3－12所示。

2. 色彩的重量

假设现有黑、白两方体，形状、体积、重量完全相同。黑色方体则显得重量大一些，白色方体则显得重量小一些。色彩性质对空间亦有很大的影响。浅色的空间给人明朗、轻快、扩充的感觉；深色空间则给人沉着、稳重、收缩的感觉。浅色密度小，有一种向外扩散的运动现象，给人质量轻的感觉。深色密度大，给人一种内聚感，从而产生分量重的感觉。在空间设计中，为了达到安定、稳重的效果，宜采用重感色。为了达到灵活、轻快的效果，宜采用轻感色，通常室内的色彩处理多是自上而下，由轻到重。

### 3.2.3　空间中色彩的知觉效应

1. 距离感

色彩的距离感觉，以色相和明度影响最大，一般高明度的暖色系色彩感觉凸出、扩大，称为凸出色或近感色；低明度冷色系色彩感觉后退、缩小，称为后退色或远感色。如白和黄的明度最高，凸出感也最强；青和紫的明度最低，后退感最显著。在空间设计中，常利用色彩和距离感来调整室内空间的尺度距离等的感觉效应。

2. 空间感

有色系的色刺激，特别是色彩的对比作用使感受者产生立体的空间知觉，如远近感、进退感，其原因有两个方面：一是视色觉本身具有进退效应，即色彩的距离感，如在一张纸上贴上红、橙、黄、绿、青、紫的六个实心圆，可以发现红、橙、黄三圆有跳出来之感。二是空气对远近色彩刺激的影响，远处的色彩光波因受空气尘埃的干扰，有一部分光被吸收而未全部进入视感官，色彩的纯度和知觉度受到影响，使人们视觉获得的色彩相对减弱，从而形成了色彩的空间感，如远处的树偏蓝，近处的树偏绿。在室内空间环境不变的情况下，若改变空间色彩，冷色系、高明度、低彩度的室内空间显得开敞，反之显得封闭。

3. 尺度感

因受色彩冷暖感、距离感、色相、明度、彩度，对空气穿透能力及背景色的制约，并产生色彩膨胀与收缩的色觉心理效应，即尺度感。通常暖色、近色、兴奋色、明度高、彩度大和以暖色为背景、暗色背景、黑色背景的色彩，易产生色觉膨胀感。反之会使色觉产生收缩感。色彩从膨胀到收缩的顺序是：红、黄、灰、绿、青、紫。形成或改变色觉膨胀感以平衡其色觉心理的主要方法是变换色彩宽度。在空间设计中，同样大小的构件，若为黑色就显得小一些，如图3－13所示。

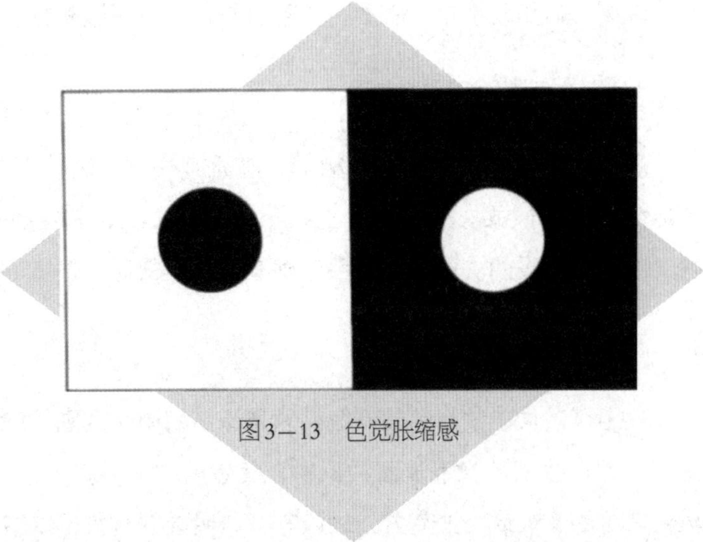
图3—13　色觉胀缩感

4. 混合感

将两种不同色彩交错均匀布置时，从远处看去，呈现这两种色的混合感觉。在建筑色彩设计中，要考虑远近相宜的色彩组合，如黑白石子掺和的水刷石呈现灰色，青砖勾红缝的清水墙呈现紫褐色，等等。

5. 明暗感

色彩在照度高的地方，明度升高，彩度增强，在照度低的地方，则明度感觉随着色彩的变化而改变。一般绿、青绿及青色系的色彩显得明亮，而红、橙及黄色系的色彩显得发暗。

空间内部配色的明度对室内的照度及照度分布影响很大，由于照度不同，色彩效果也不同，故可以应用色彩（主要是明度）来调节室内照度及照度分布。

## 3.3 公共空间中的质地环境

公共空间界面的材料质地及其肌理（也称纹理）与线、形、色等空间要素一样传达信息，材料的质感在视觉和触觉上同时反映出来，因此，在空间质感环境设计中应充分利用人的感觉特性。

### 3.3.1 粗糙与光滑

表面粗糙的有许多材料，如石材、未加工的原木、粗砖、磨砂玻璃、长毛织物等。光滑的如玻璃，抛光金属、釉面陶瓷、丝绸、有机玻璃等。同样是粗糙面，不同的材料有不同的质感，如粗糙的石材照壁和羊毛地毯，其质感完全不一样，一硬一软，一重一轻，后者比前者有更好的触感；光滑的金属镜面和光滑的丝绸装饰，在质感上也有很大的区别，前者坚硬，后者柔软。

### 3.3.2 软与硬

许多纤维织物，都具有柔软的触感。如纯羊毛织物虽然可以织成光滑或粗糙质地，但摸上去都是柔软的感觉。棉麻为植物纤维，这类织物都耐用和柔软，常作为轻型的蒙面材料。硬的材料如砖石、金属、玻璃，耐用耐磨，不变形，线条挺拔。硬材多数有很好的光洁度、光泽。

### 3.3.3 冷与暖

质感的冷暖表现在身体的触觉、座面、扶手、躺卧之处，都要求柔软和温暖，金属、玻璃、大理石能产生冷漠的效果。但在视觉上由于色彩的不同，其冷暖感也不一样，如红色花岗石、大理石触感冷，视觉感受还是暖的。而白色羊毛触感是暖的，视感却是冷的。选用材料时应两方面同时考虑。

### 3.3.4 光泽与透明度

许多经过加工的材料具有很好的光泽，如抛光金属、玻璃、磨光花岗石、大理石、搪瓷、釉面砖、瓷砖等，通过镜面般光滑表面的反射，使室内空间感扩大。透明度也是材料的一大特色。透明、半透明材料，常见的有玻璃、亚克力、软膜等，利用透明材料可以增加空间的广度和深度。在空间感上，透明材料是开敞的，不透明材料是封闭的；在物理性质上，透明材料具有轻盈感，不透明材料具有厚重感和私密感。

### 3.3.5 弹性

软材料和硬材料都无法达到的。弹性材料有泡沫塑料、泡沫橡胶、竹、藤，木材也有一定的弹性，弹性材料主要用于地面、床和座面，给人以特别的触觉感。

### 3.3.6 肌理

材料的肌理或纹理，有均匀无线条的、水平的、垂直的、斜纹的、交错的、曲折的等自然纹理。天然的色泽肌理比刷油漆更好。某些大理石的纹理，是人工无法达到的天然图案，可以作为室内空间的欣赏装饰品，但是肌理组织十分明显的材料，必须在拼装时特别注意其相互关系，以及其线条在室内所起的作用，以便达到统一和谐的效果。

有些材料可以通过人工加工进行编织，如竹、藤、织物等。有些材料可以进行不同的组装拼合，形成新的构造质感，使材料的轻、硬、粗、细等得到转化。

此外，同样的材料在不同的光照下，其效果也有很大区别。因此，我们在用色时，一定要结合材料的质感效果、不同质地和在光照下的不同色彩效果。

## 3.4　公共空间中的声环境

在人们的日常生活、学习和工作中，经常会遇到许多声音方面的问题。例如，报告厅、剧场、影院等。在公共空间中，存在着一系列需要解决的声学问题，所以学习和运用这方面的知识，对做好空间设计工作是十分必要的。

### 3.4.1　声环境的基础

在公共空间声环境中，声学是声音的设计基础。人们通过听觉器官感知声音。这个领域有许多实用的分支，包括噪声控制、心理声学（声音对人的心理影响）、生理声学（声音对人身体的影响）、生物声学（声波应用于医学诊断）和建筑声学等。

1. *建筑声学*

建筑声学在公共空间环境中有着重要的地位，从声波的来源探讨空间声学是最合理的开始。

人类的可听频率范围是20～20000Hz。在这个频率范围内，我们最敏感的频率成分在500～4000Hz之间。每一个自然实体都有一个与其相应的共振频率，由其密度决定。材料暴露在其共振频率附近的声音下所产生的振动远大于暴露于其他频率的声音下。声波的波长与频率成反比，控制声音时这些值是重要的。因为只有声波波长小于隔墙尺寸时，隔墙才能有效地隔声。对于反射和降噪也是一样的。

2. *声传播方向的改变*

声波通过四种现象改变传播方向：反射、折射、衍射、漫射。当声波传播过程中介质发生改变时，这些现象就产生了。声波传播与光学遵循同样的物理原理，可听声的频率范围是20～20000Hz。

（1）反射：当声波进入密度有明显改变的介质时，一些能量被反射。如同镜子对光的反射一样，入射角等于反射角。声波也是入射角等于反射角，如图3－14所示。典型的反射面是光滑且坚硬的表面。室内声学中一些通常由声音反射引起的声学问题是回声和房间共振。

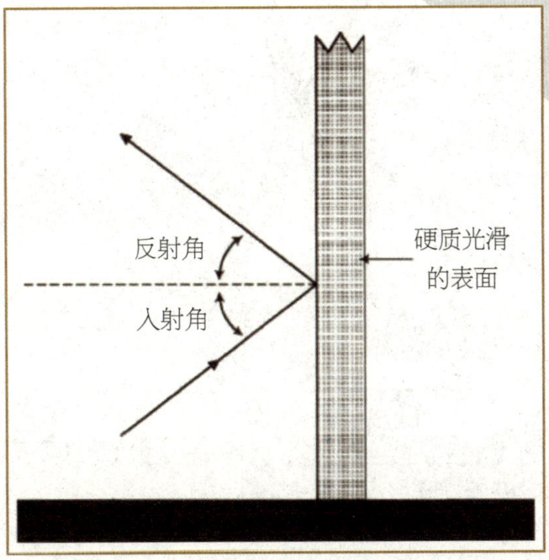


图3－14　声波的反射

听觉器官在听觉过程中的局限性导致回声。当两个声音到达时间相差不到两个反射墙彼此平行的房间内，将在某些特殊频率产生房间共振。在这种情况下，两墙之间的距离是特定半波长的整数倍。因为墙的表面反射声音，在房间两墙之间的镜面反射形成固定的压力模式。这种现象称为驻波，这种形式是最简单的房间共振。

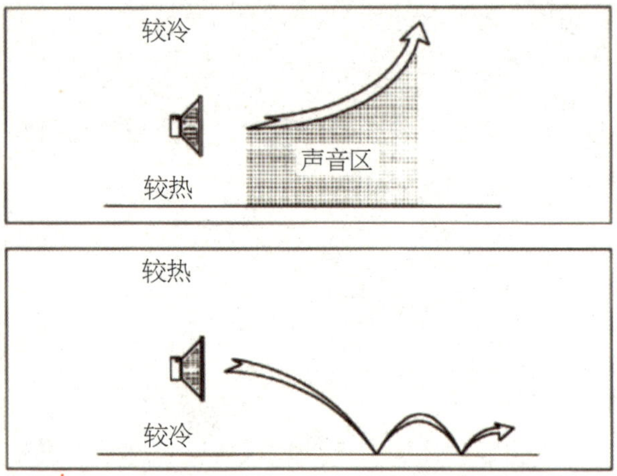


图3—15　声音的折射

（2）折射。正像光通过棱镜会弯曲，介质条件发生某些改变时，虽不足以引起反射，但声速发生了变化，声波传播方向会改变。除了声速因材料或介质不同而改变外，在同样介质中温度改变也会引起声速改变。这种由声速引起的声传播方向改变称为折射，如图3－15所示。

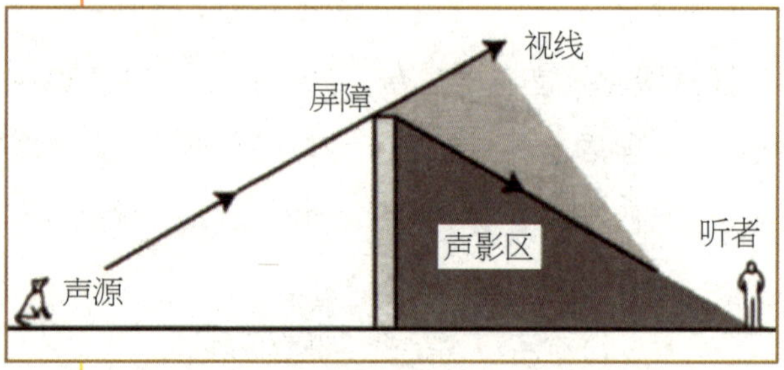


图3—16　声音的衍射

（3）衍射。声衍射原理限制了开敞式办公室隔断或室外噪声隔声屏障的声音衰减效果。声波沿墙体的周边弯曲并越过这些墙体。声衍射影响到降噪效果，而与隔断采用的材料无关，如图3－16所示。

（4）漫射。凸表面或不平坦表面反射声波时，反射声的传播要比被限制在固定方向上声传播均匀。这种现象称为声漫射。与漫射光一样，粗糙球形表面比光滑的球形表面更容易产生漫反射。尽管人们不希望出现因不连续反射而引起的回声，但房间中的这些声能也许并不希望被消除掉。例如，在观众厅或音乐厅中漫反射是有用的，漫反射可以使声音遍布整个观众厅，确保所有听众听到相同音质。至少从声学观点看，漫射可以使观众厅中听音不良的座位减到最小，如图3－17所示。

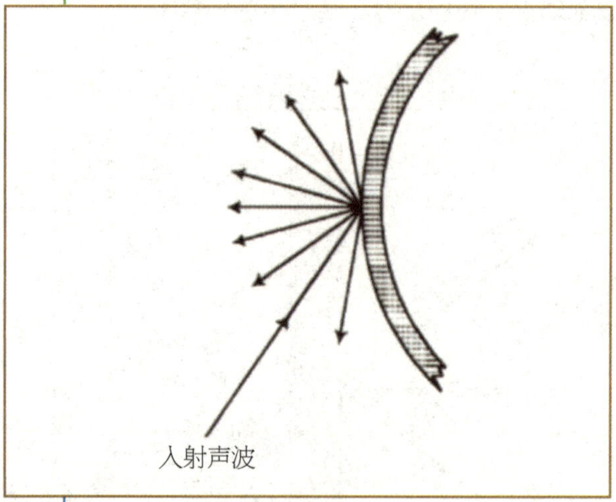


图3—17　声音的漫射

### 3.4.2　声环境设计

声环境设计是专门研究如何为建筑使用者创造一个合适的声音环境。声音是人类行为中重要的组成部分。从人的感受上声音分为两类：一类是舒适的，如音乐、歌唱、生活中的交谈等；还有一类是不舒适的，如噪声、爆炸声、刺耳的啸叫声等。

有时舒适的声音也会转换成不舒适的声音，如邻居的歌声，别人之间的甜言蜜语以及应该听见听清而听不见、听不清的交谈等。声环境设计围绕着人的感受，在空间设计中做到降低不舒适声音（噪声）对正常工作、生活的干扰，即控制噪声。如何保证舒适的声音听清听好，即空间音质设计。

1. 噪声控制

预防噪声性耳聋首先要防止听觉疲劳的发生。一般情况下，85分贝以下的噪声不至于危害人的听觉，而85分贝以上则可能危害人的听觉。相关研究表明，30分贝以下属于非常安静的环境，如播音室、医院等应该满足这个条件。40分贝是正常的环境，如一般办公室应保持这种水平。50~60分贝则属于较吵的环境，此时人的脑力劳动受到影响，谈话也受到干扰。在噪声达80~90分贝时，距离约0.15米也得提高嗓门才能进行对话。如果噪声分贝数再高，实际上不可能进行对话。噪声可以引起多种疾病，除了损伤人的听力以外，还会引起其他人身损害。噪声可以引起心绪不宁、心情紧张、心跳加快和血压增高。

控制噪声的原则：噪声的防治主要是控制声源的输出和声的传播途径，以及对接收者进行保护。其中在声源处降低噪声是最根本的措施。

对声源噪声的具体控制：通过改进结构，降低声源的噪声发射功率，利用声的吸收、反射、干涉等特性，采用吸声、隔声、减振等技术措施，以及安装消声器等，以控制声源的噪声辐射。声波在传播过程中其能量是随距离的增加而衰减的，因此应使噪声源远离安静区。声的辐射具有一般指向性，低频的噪声指向性差，频率增高，指向性增强。因此控制噪声的传播方向（包括改变声源的发射方向）是降低高频噪声的有效措施，建立隔声屏障，以及利用其他隔声材料和隔声结构来阻挡噪声的传播，利用吸声材料和吸声结构，将传播中的声能吸收消耗。对固体振动产生的噪声采取隔振措施，以减弱再生的传播。

2. 空间音质设计

室内音质设计是建筑声学设计中的一项重要内容，其音质设计的成败往往是评价建筑设计优劣的决定性因素。室内音质设计应在建筑设计方案初期就同时进行，而且要贯穿在整个建筑施工图设计、室内装修设计和施工的全过程中，直至工程竣工前经过必要的测试鉴定和主观评价，进行适当的调整、修改，才有可能达到预期的效果。

（1）室内音质的主观评价：室内音质的主观评价为音质好坏的最后标准是听众、演唱者的主观感受。

（2）响度：响度是指人们听到的声音的大小。足够的响度是室内具有良好音质的基本条件。与响度相对应的物理指标是声压级。

（3）丰满度：丰满度是指人们对声音发出后“余音”的感觉。在室外，声音感觉“干瘪”，不丰满，与丰满度相对应的物理指标是混响时间。

（4）色度感：色度感是指对声源音色的保持和美化。良好的室内声学设计应保持音色不失真且对声源具有一定美化作用，如温暖、华丽、明亮，色度感相对应的物理指标主要是混响时间的频率特性以及早期衰减的频率特性。

（5）空间感：空间感是指室内环境给人的空间感觉，包括方向感、距离感（亲切感）、围绕感等。空间感与反射声的强度、时间分布、空间分布具有密切关系。

（6）清晰度：清晰度是指语言训练房间中，声音是否听得清楚。清晰度与混响时间具有直接关系，还与声音的空间反射情况及衰减的频率特性等综合因素有关。

(7) 声学缺陷：声学缺陷是指回声、颤动回声、声聚焦、声遮挡、声染色等影响听音效果及声音音质的缺陷。

(8) 客观指标：

① 声压级。房间中某处的声压级反映了该处的响度。在声源功率一定的情况下，增大声压级需要获得更多的反射声。

② 混响时间（RT）。混响时间与室内的混响感、丰满度、清晰度有很大关系。混响时间越长，人们越感觉音质丰满，但清晰度越差；混响时间越短，人们越感觉“干”，但清晰度提高。混响时间的频率特性与音色有一定关系，混响时间低频适当增长，声音有温暖感、震撼感；混响时间高频适当增长，声音有明亮感、清脆感。

③ 反射声时间序列分布。人们最先听到的是直达声，之后是来自各个界面的反射声。一般地，直达声后50ms到达的声音被称为近次反射声，这部分声音对加强直达声的响度、提高其清晰度、维护声源方向起到很大作用。对于语言训练，人们提出清晰度D（difinition）的概念，对于音乐演奏人们提出明晰度C（clarity）的概念。

④ 空间分布。来自前方的近次反射声能够增加亲切感，来自侧向的反射声能够增加环绕感。一般地，听者左右两耳接收的侧向反射声有较大差别，形成了人们对声源的空间印象。

在小型厅堂（高为10m以内，宽为20m以内）中，20～35ms是直达声与最早的一次反射声的时间间隔；在大型厅堂（高为10m以上，宽为20m以上）中，这样的反射声要靠专门设计的反射面来获得。在音乐厅设计中，应尽可能增大侧向的前次反射声在整个反射声能中的比率，以此来增加声音的环绕感。

### 3.4.3 各类公共空间的音质设计

各类建筑物，如音乐厅、各类剧场、电影院、多功能大厅、教室、讲堂、体育馆以及录音室等，对音质的要求各不相同，设计中要解决的问题也不同，要根据以上所阐述的原则和方法，结合实际灵活处理。另外，上述建筑物中还有许多的附属房间，如门厅、休息厅、走廊等，这类附属房间对创造整幢建筑物的声环境也具有重要作用。如沉寂的门厅、走廊，会使人感到观众厅的音质更加丰满，而混响很长的门厅、走廊，不仅会使整幢建筑物给人以嘈杂的印象，而且会影响人们对观众厅音质丰满度的感受。因此应把整幢建筑物作为一个整体来进行声环境设计。

音乐厅是为交响乐、室内乐、声乐等音乐演出用的专用大厅。对混响时间的要求为：交响乐1.8～2.2s；民族乐1.6s较为理想；室内乐1.7s较理想。以一种功能为主，兼有其他功能的房间，可以采用以下两种方法改变混响时间：第一种是改变房间的体积；第二种是改变墙面的吸声量（开较多的窗户，要求混响时间长；关窗，要求混响时间短，可以把窗户打开）。

剧院的特点是有独立于观众厅的大舞台空间，多以镜框式台口与观众厅相连，一般还有乐池。剧院在体形上都应考虑使前次反射声均布于观众席。歌剧院是以满足歌唱与音乐演奏为主，混响时间应当较长，但略小于音乐厅。

电影院在声学环境上有时差别很大，譬如可以包括表现一个大教堂内的特殊声学效果（其混响时间可达8s）或在露天雪地的声音沉寂的空间，为了让观众能清晰地听到影片某一特定场景的录音效果，尽量不要受到观众厅内声学环境的影响。根据这一特点，电影院内应具有较短的混响时间。但混响时间也不宜过短，混响时间过短，一方面会使观众厅内声音过于沉寂；另一方面，对后墙应加以分隔或采取强吸声处理，对于一些有可能产生回声、长延时反射、声聚焦的界面，应做的声学处理。

为了提高厅堂的利用率，许多观众厅设计成既可以演出又可以开会或放电影的多功能厅堂，常被称为影剧院或礼堂。多功能厅堂的音质设计一般多采用折中的方法，即在体形上争取前次反射声的均匀分布，适当安排扩散处理，以满足自然声演出的需要。同时又设置电声系统，满足会议、讲演以及小音量演出（独唱、独奏、部分戏剧）的需要。混响时间取音乐厅与语言用大厅的中间值，或者以主要功能为主选择最佳混响时间，次要功能则采用电声系统配合实现。

## 3.5　公共空间中的热环境

与公共空间相关的热环境是，室内的供暖、送冷、通风的标准和质量，亦即创造适合人体需要的健康的室内热环境。

### 3.5.1　供暖

冬季供暖首先考虑室外的热环境，根据个人差、衣着差、职业差的特点，确定室内合适的温度，参照有效温度线图，确定恰当的舒适温度，根据国家相关采暖规范确定供暖标准。使室内供暖温度适当高一点，但不宜太高，否则从室内到室外会感到更加寒冷。

高大空间室内温度分层现象非常严重，室内温度变化幅度是相当大的，在供暖时，送风温差宜小，且应送到工作区。有条件时与辐射供暖结合。采取这些措施后，空调负荷可以减少30%～40%。采用诱导方式（诱导封口的诱导比为4～5倍），从而可以使上下温度分布均匀。对大空间空调来说，最重要的是气流的控制。由于冬季空气干燥，再加上供暖干燥，这就容易使流感病毒繁衍，故供暖时应考虑一定的湿度，以利健康。

### 3.5.2　送冷

夏季送冷，与供暖相反，首先就是不要使室内温度降过了头。过量的冷会使人感到不舒服，而且再到室外会感到更加热，一般室内外温差控制在5度以内，最多也不应超过7度。其次应注意气流问题，从空调的出风口或室内冷气设备的出风口直接送出来的风，在2m处的风速也有1m/s。而且冷气只有16℃～17℃，这样会感到过冷，容易生病，故应避免风口直接对着人体。另外供冷时，冷风只送到工作区。

### 3.5.3　通风

通风与换气的方法有自然通风和机械通风（或空气调节）两种。

自然通风用室外的新鲜空气更新室内由于居住及生活过程而污染了的空气，以保持室内空气的洁净度达到某一最低标准的水平，这类通风称为健康通风，这是任何气候条件下都应予以保证的。自然通风可以增加人的体内散热及防止由人的皮肤潮湿引起的不舒适以改善热舒适条件，一般应尽可能采用自然通风，不仅节省设备和投资，而且更有利于人的健康。即使在冬季适当地进行自然通风或换气，也能防止病毒的传播。在夏季，自然通风也有利于人体发汗，增强人的舒适感。

只有当自然通风不能保证卫生标准或有特殊要求时，才用机械通风或空气调节来解决通风问题。自然通风的实现，首先应在建筑规划、总平面布置、建筑形体和朝向时做好设计；其次是做好建筑物门窗洞口的位置和大小的设计。

# 4

# 第4章 公共空间的设计程序

## 4.1 公共空间设计概念及表现方法

设计是一种针对问题做往复辩证的活动，从问题产生、概念调整到视觉呈现是一个动态的实践历程。概念发展过程的动态对比，同时意味着概念视觉化的实践历程。设计者为满足人类需求，除了对问题形成概念外，最终都将以形态解释来辩证其观点，且唯有透过具象呈现方能检讨人、物、环境三者的具体关联。

概念的诠释对整体外形产生数个意象，而每个意象也会因线、面、体量、色彩的变化形成不同的构想。设计者为了发现及发展新的视觉符号，常常会根据知识系统的思考，产生不同的诠释方式而形成对比；而只要形成对比便可以增加新的针对每一主题与细节的思考方式，这将衍生出无数阶层与数量的对比存在；而每一阶层都以立体的概念化实体为核心。

### 4.1.1 思维草图

提到思考和思维，人们总会与逻辑性的语言文字结合起来。其实图形、图像也是一种很好的思考形式，尤其是对创造性思维来说。用图形记录思考的过程与用图形表达思考的结果，是设计人员常用的设计辅助手段。思维草图是一种灵活的低消耗、低成本的模拟方式。思维草图中的“思维”二字说明草图模拟的重点在于捕捉大脑思维中一闪而过的灵感。思维草图要抓住一个“快”字，即快速地捕捉意象中反映的大的造型关系、结构特点，不需要死抠细节。通过头脑风暴式的草图设计，留下头脑中闪过的意象痕迹，为下一步推敲、细化做准备，如图4－1所示。

### 4.1.2 设计草图

设计草图是设计者的图形语言，是用图像这种直观的形式表达设计者的意图及理念，是用以反映、交流、传递设计构思的符号载体，具有自由、快速、概括、简练的特点，如图4－2所示。

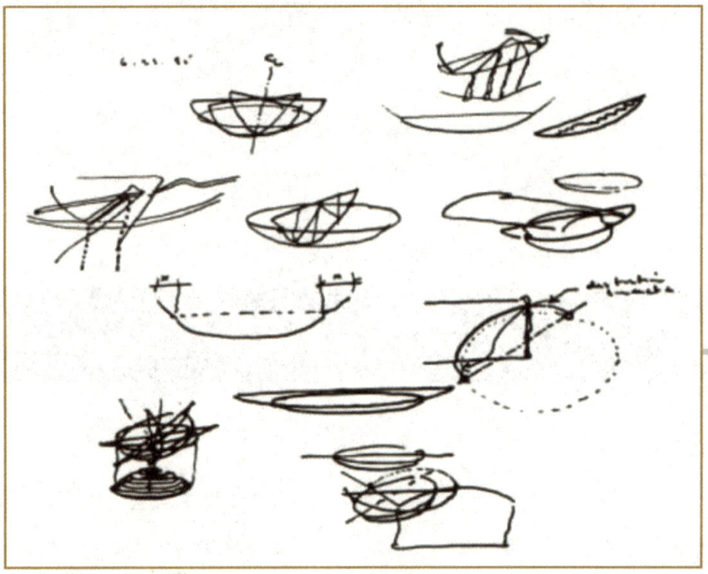

图4—1　绿伞剧院手稿

设计草图阶段需要从事以下工作：收集与设计问题相关的各种资料和信息（如场地要求、风俗习惯等）；分析这些资料和信息，以获得对设计问题的了解（如关系、层次、需要等）；提出解决问题的办法（如文字叙述、方案草图等）。

图4—2　朗香教堂设计草图

#### 4.1.3　模型制作

设计者应能在真实空间的条件下，针对不同的产品设计、建筑设计、环境设计以及相应的设计模型，展开分析研究它们的结构、功能、形态等各方面要素，选择合适的制作材料和相应的加工工艺，用最适当的方式制作出最适合的仿真模型，最佳地表达其设计意图，如图4－3所示。

图4—3　建筑模型

模型的作用包括：说明性，以三维的形体来表现设计意图与形态，是模型的基本功能；启发性，在模型制作过程中以真实的形态、尺寸和比例来达到推敲设计和启发新构想的目的，成为设计人员不断改进设计的有力依据；可触性，以合理的人机工程学参数为基础，探求感官的回馈、反应，进而求取合理化的形态；表现性，以具体的三维的实体、翔实的尺寸和比例、真实的色彩和材质，从视觉、触觉上充分满足形体的形态表达、反映形体与环境关系的作用，使人感受到真实性，从而更好地沟通设计者与消费者彼此之间对空间意义的理解。

空间内视模型是为了让消费者直观地了解房间内部的空间环境、所处位置、间隔、门窗与装修情况而设计制作的一种模型形式。因此，空间内视模型的表现，应从建筑物内部把握空间，根据空间的使用功能和特定环境，运用物质材料与艺术手法，适应人们的生理、心理要求，精心组织模型制作。

### 4.1.4 虚拟现实

虚拟现实技术是20世纪末兴起的一门新的综合性信息技术，虚拟现实技术融合了计算机图形学、多媒体技术、人工智能、人机接口技术、数字图像处理、网络技术、传感器技术及高度并行的实时计算等技术。在1993年的世界电子学年会上，美国科学家柏迪所发表的《虚拟现实系统及其应用》一文中提出了“虚拟现实技术的三角形”理论，该理论简明地表示了虚拟现实技术的基本特征，即：三个“I”(Immersion沉浸感、Interaction交互操作、Imagination思维构想)，其中人的感受在整个系统中是最重要的，也就是强调了人在虚拟现实系统中的主导作用。

## 4.2 方案设计程序

由于公共空间设计的复杂性，要求设计师分阶段渐进地完成设计任务，学生在进行公共空间设计时与职业设计师相同，也必须向教师或评图者展示过程设计的成果。一方面必须在各个阶段做出调整以适应设计的不同阶段的要求，另一方面对设计过程及其结果进行交流。根据空间的设计规律，公共空间设计程序大体可以分为四个阶段：前期规划阶段、方案设计阶段、深入设计阶段、施工图设计阶段。

### 4.2.1 前期规划阶段

前期规划是整个设计过程中不可或缺的一部分，是在对项目作深入分析的基础上，编写出预期要达到的目标内容，这些内容包括：空间定位及对周边环境的要求分析；资产评估：特殊要求评估；可行性研究及概念和主题的定位；对建筑物参数和基地参数同时研究，用于交流、分析、论证以及证实在这些阶段中所做的工作的图纸以及图表。前期规划要求对业主(或用户)的需要、要求、目标、预算实施以及资产进行详细的分析，同时还要对建筑物或基地的参数和限制条件进行分析，如图4－4、图4－5所示。

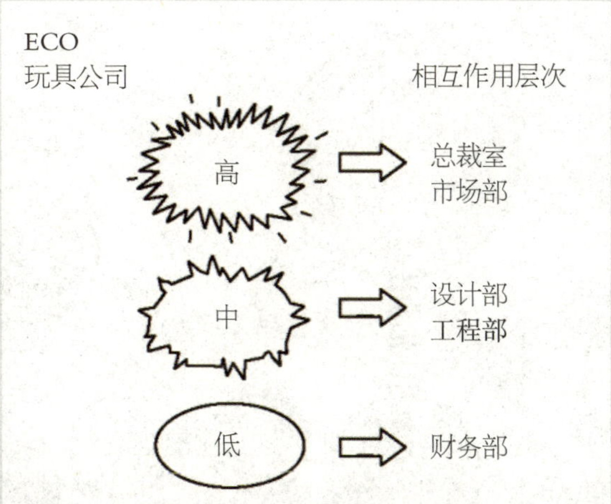


图4—4 规划分析图

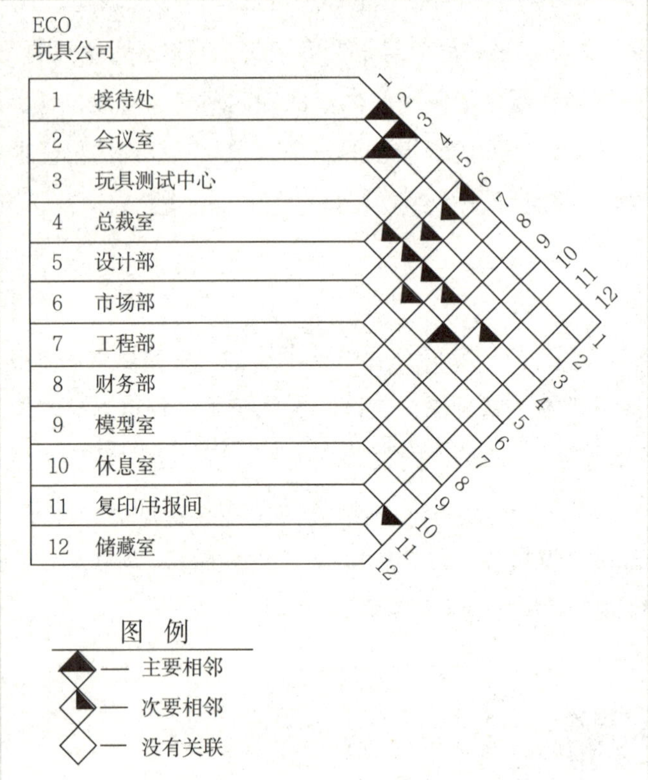


图4－5 矩阵图

### 4.2.2 方案设计阶段

方案设计阶段分为四个过程：创建功能关系图、绘制草图、绘制与调整平面图、方案设计绘图表现。

1. 创建功能关系图

方案设计的前期并非开始设计方案而是创建功能关系图，这也是一个项目初步设计的第一步。功能关系图用于帮助设计师消化并吸收规划信息，功能关系图也使设计师能开始用图解表达项目的抽象特性。功能关系图的表现有多种类型，常用的是气泡图，将各个气泡用路径进行连接，表明空间的交通流线。气泡图通常要结合多次不同的图表分析才能最终产生一个理想的结果，如图4－6所示。

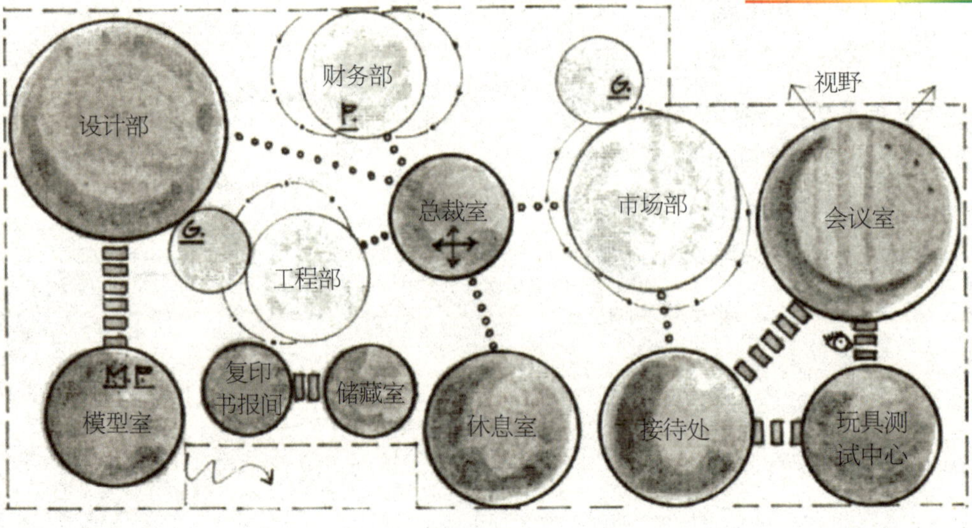


图4－6 气泡图

2. 绘制草图

一系列的草图是从空间研究开始的。空间每一部分面积或者功能分区按比例绘制成平面草图，然后配备家具、陈设及设施。空间研究草图也用于研究空间的组合以及界面的关系。并且在系统配备的设计中具有一定的参考价值，如图4－7所示。

市场部：可活动的桌子　　市场部：环绕型　　市场部：交流型

图4—7　空间研究草图

3. 绘制与调整平面图

在草图的基础上，进一步推进方案，绘制出较为完整的平面图，并提交给业主或评审者讨论，在提出成熟意见后再做平面图的调整。调整平面图可以被认为是对草图的深入修改。从根本上说，调整平面图是对规划阶段所提出的问题及需要是否适用于给定空间的测试，调整平面图中常常包含有按比例绘制的用来研究空间设计的舒适性的家具及设备。

### 4.2.3 深入设计阶段

一个项目的深入设计包括最后的空间布局及其他方面。在这个设计阶段内，所有的设计成果必须结合在一起予以解决。紧接着深入设计之后的阶段是施工图阶段，施工图阶段包括对项目结构布置的准备，最终设计成果必须清晰地传达设计的所有方面。

### 4.2.4 施工图设计阶段

施工图设计阶段的设计成果，包括详细楼层平面图、顶棚平面图、详细立面图、剖面图及细部大样图。另外，技术图、设备图与结构大样、材料大样以及家具和装置大样与图片通常也包括在设计的最终成果中。编制施工说明和造价预算通常也是设计成果的一部分。

5

# 第5章 办公空间设计

## 5.1 办公空间设计的类型与功能划分

### 5.1.1 办公空间的类型

办公行为涉及各行各业，虽有相似的共性特征，但办公方式因行业、机构的性质、类别不同而各有差异，在管理与执行上也有各自运行的系统，这自然反映在对办公空间的使用要求上。

根据办公空间的管理使用目的可以将办公空间分为三类：第一类是单位或机构的专用办公楼，整栋大楼按本单位或机构的实际情况整体策划；第二类是用户按各自的需要策划，设计空间；第三类是智能型和高科技的专业办公室，整体公共空间通道、楼梯、大堂由发展商统一策划设计，各单位空间由用户自行设计。

### 5.1.2 办公空间的功能划分

办公建筑物中各类房间按其功能性质划分，一般包括：办公用房、公共用房（如：会客室、接待室、各类会议室、阅览展示厅、多功能厅等）、服务用房（如：资料室、档案室、文印室、电脑室、晒图室等）、附属设施用房（如开水间、卫生间、电脑交换机房、交配电间、空调机房、锅炉房以及员工餐厅等）。

办公空间的设计应充分把握以下几点：

（1）掌握工作流程关系以及功能空间的需求。办公单位的性质不同，功能空间的设置要求不同，这就要求设计师在构想前应充分调查了解该办公环境的工作流程关系以及功能空间的需求和设置规律。

（2）确定各类用房的大致布局和面积分配比例。设计师需要根据办公室空间的使用性质、建筑规模和相关标准来确定各类用房的大致布局和面积分配比例。

(3) 确定出入口和主通道的大致位置和关系。一般来说，与对外联系较为密切的部分靠近出入口或主通道，不同功能的出入口尽可能单独设置，以免相互干扰。

(4) 注意便于安全疏散和便于通行。袋形走道远端房间门至楼梯口距离不大于22m，单侧走道净宽大于1.3m，双侧走道不大于1.6m，走道净高大于2.1m。

(5) 把握空间尺度。设计师需要根据人体尺度，把握舒适合理的空间尺度，只有这样，构想时可以得心应手。面积定额为3.5～6.5$m^2$/人，办公室净高低于2.6m。

## 5.2　微软慕尼黑德国总部办公空间设计

微软德国中心曾位于慕尼黑附近的一个办公园区，2013年，公司决定将办公地点迁入慕尼黑市内。在此契机下，HPP联手经纪人公司Colliers，为微软新公司地点和项目开发商的选择出谋划策，如图5－1所示。

图5—1　微软德国中心外立面

在确定选址和开发商后，HPP从设计规划的角度，协助微软进行租赁洽谈。微软公司最终签约了一栋7层建筑90%的出租面积，且打算长期持有，并全权委托HPP设计室内。

这栋建筑由五层和七层的两个体块组成，并由四个四层的连廊相连，一个通高的玻璃顶中庭，是建筑的中央大堂。此外还有两层地下车库。这个项目的设计任务，便从这栋经典的办公楼中展开。

首层：中央大堂位于整栋建筑的中心，与建筑两侧的主入口相连。700平方米的大堂四层通高，并由19m×14m的玻璃屋顶采光，相当明亮宽敞。与传统单一化的接待处不同，这里为各类来访者提供个性化的接待台，发放来访卡并获得相关的大楼信息。

一座通往二楼会议室的宽敞楼梯，像空间雕塑般出现在大堂中央，还能为人们提供更多的休息空间。

大空间里垂钓着大小不一的灯箱，被称为“数码吊灯”，这个吊灯其实由两面LED屏幕组成，用于展示各种图文信息，如图5－2所示。高低错落的布置与变幻的信息，与来访者及坐在办公室内的员工形成各种互动。

图5－2　中央大堂『数码吊灯』

与大堂相邻的还有一处400座的员工餐厅。食物分发处引用“广场”的概念，“烧烤”、“意面和披萨”、“鲜蔬”三个摊位鲜明醒目地分散在座位之间。餐饮外的时间里，这里还能用作临时与非正事会议的场所。

专为访客设立的会议区，集中在首层，部分位于二层，共设有40个可容纳8~20人的中小型会议室，4个可容纳150~200人的多功能会议厅，如图5－3所示。

所有的会议厅都运用了最先进的媒体技术。其中最特别的是微软Surface Hub巨型触屏平板的应用，由于技术要求，这些房间被设计成最理想的正方形。其中三个会议室还使用了全息影像技术。而大部分的会议室都应用了动态日光调控系统。

2~7层的办公区里共提供了1200个独立工位，或1900个分享工位，如图5－4所示。这其中只有部分为传统的办公桌椅，这片区域被称为完善区（accomplish）。

图5—3　中型会议室

图5—4　2~7层办公区

针对其他不同的办公方式，还有另外三种相应的办公区域，它们分别是：

(1) 思考区（think）

(2) 交谈区（converse）

(3) 分享与讨论区（share & discuss）

这三个区域分别通过会议桌、椅子、小沙发、高背沙发等不同的家具来区分，适合于各种工作状态，比如专注思考或是小组讨论。

这些家具色彩搭配的灵感，正是来自微软LOGO上的红、黄、蓝、绿色，如图5－5所示。

办公区内还设有大小不等的多个正式与非正式的会议间，这些会议间有的布置了传统的大会议桌，有的则是站立式的桌子，还有部分房间用了比较随意的休闲家具。工作区内还有100个电话包间，专为那些需要特别专注和免打扰的工作而设。

由于这种灵活多元化的家具布置，固定座位的概念变得非常模糊，部门之间的界限也模糊起来，只能通过大致的区域来划分。

每层楼都均匀分布着茶歇区、餐桌、蛋糕架，都是必不可少的。

HPP的项目负责人Reiner Schulz说：每个人都可以根据个人或项目需求自主选择合适的办公环境，这是一种顺应未来的办公方式，也是对微软公司提出的“灵活办公”要求的实现。

图5—5　办公室家具

## 5.3 Airbnb都柏林国际总部办公空间设计

Airbnb与建筑公司赫尼根·彭建筑事务所（Heneghan Peng）合作，完成位于都柏林（dublin）的国际总部，取名为“仓库”。该项目标志着Airbnb首次能预先确定建筑内部空间的布局。4000平方米大的总部能容纳400多名员工，而先前由赫尼根·彭建筑事务所设计的都柏林办公室也将继续运营。

在Airbnb与赫尼根·彭建筑事务所合作重新翻新建筑物之前，原本的建筑体已破损失修。作为品牌宣传的首个“城市校园”模型，总部加入新的特色结构元素包括一个大型的中心楼梯，如图5－6所示。为了提高员工之间彼此视野的通透以及方便的交流，Airbnb的环境设计团队纳入“邻里”的概念，让员工能在一个单独的讨论空间聚集起来。

“仓库”内有29个邻里单位，大型公共桌子取代了个人办公桌。这些区域内还包括了个人储藏空间，一个或两个高凳站立区域，以及一个沙发位。中心楼梯成为办公室里的聚焦点。楼梯以“广场”为名，把二层和地面层连接起来，使各楼层空间融为一体。多功能的楼梯能满足多种用途，从能容纳多达400人的会议和社区活动空间，到工作环境里的休息风格空间，如图5－7所示。

图5—6　Airbnb都柏林国际总部办公空间中心楼梯

图5—7　Airbnb都柏林国际总部社区活动区

会议空间围绕中庭布局。“对于我们团队来说，‘仓库’是个难得的机会，从构思开始，到贯彻使Airbnb独一无二的‘belong anywhere’工作理念，”Airbnb环境设计团队的Rebecca Ruggles说道。“在视觉和物质连接下穿过中庭的邻里单元的组合，恰好平衡了空间的私密性和社交性。”

整体空间设计旨在促进协作、互动和社区感，为了提高员工之间的可视性，Airbnb的环境设计团队纳入“邻里”的概念，如图5－8所示。

图5—8 Airbnb都柏林国际总部“邻里空间”

“与Airbnb一同设计‘仓库’是一段奇妙的经历”，赫尼根·彭建筑事务所创始人彭士佛（Shih－Fu Peng）补充说道。“在完成我们于都柏林的Watermarque建筑项目的合作后，能接手这份工作在Airbnb的‘邻里’概念下创造出一个分享、交互的高效工作空间是我们的荣幸。”该方案成为品牌宣传的首个“城市校园”模型，“仓库”总部已于2016年4月完成。

## 5.4 日本KOIL开放式办公空间设计

位于千叶县柏市的KOIL是一家扶持初创企业家们开展工作的创新中心。KOIL由成濑猪熊建筑事务所设计，计划用于帮助初创企业成长，促进这些企业的发展，推动国家的经济发展。这个打破传统的办公环境里有各种重要的空间，包括户外作业区、生产车间、会议室、咖啡馆和休闲空间。

KOIL中有各种各样的工作空间和功能区，所以用户可以选择各人合适的工作环境。这个综合办公室就像一座微型城市，里面同时开展着各种活动，发生着各种事件。这样的环境下，公共区域里的人们必须即时交流，从而促进了理念的交流和传达。灵活的空间布置同20世纪的传统办公空间的整齐划一、自上而下的设计形成强烈的反差，如图5－9所示。

图5—9 KOIL开放式办公空间

为了突出公正而开放的氛围，避免视觉效果产生的干扰，很多墙壁都没有粉刷，天花板上的管道大多数都裸露在外。就算粉刷过的墙壁和天花板也是采用的简单的饰面材料，包括水泥和灰胶纸柏板、木地板、塑料或者橡胶砖。各个办公区的交汇点在中间的公共区。中间公共区的天花板高度不同，灯光的色温也不同。可以根据用户的需要改变可移动式办公设备的位置，重新进行空间布置，如图5－10所示。

图5—10　KOIL办公室通道与会议室

# 6

# 第6章　商业空间设计

## 6.1　商业空间概述

商业空间，是指提供有关设施、服务或产品以满足商业活动需求的场所。商业空间作为公众重要的购物场所、社交场所和休闲场所，与社会的发展进程、消费者的消费趣味的变化、社会文化的变迁、时尚的更替等都有着紧密与复杂的联系。

1. 现代商业空间的形式

现代商业空间随着风云变幻的社会潮流不断更新，具有综合性和多样性的特点，其主要的业态有：百货商场、连锁店、超级市场、购物中心、商业街、便利店、专卖店等。

2. 现代商业空间的发展趋势

随着社会的进步与人们物质水平的提高，现代商业空间的综合功能与规模在不断扩大，种类不断增多。现代商业空间不再只以"买"与"卖"的功能去满足人们的购物需求，现代商业空间在商业环境的设计上也提出了更高的要求——现代化的商业中心，不仅仅是一个购物方便的场所，而且是集娱乐、文化活动、表演、广告、城市景观等为一体，用来满足各类人们游憩、饮食、购物及获取信息等多种目的，并提供相应服务与娱乐的场所。

如今大型商场从停车场、健身房到餐厅、酒吧一应俱全，"一站式"消费服务成了商场竞争、吸引消费者光顾的手段。购物中心，商业步行街以及各种大型超级市场等场所都成为一种人们熟悉的生活模式或空间形态，其在现代商业环境的发展进程中，呈现出以下几种趋向：

（1）社区中心化；

（2）演绎元素的注入；

（3）餐饮业与商业环境相结合；

（4）购物加娱乐的模式；

（5）新兴商业空间的成功典范——Shopping Mall。

Shopping Mall，简称Mall，意为大型购物中心，Mall属于一种新兴的复合型商业地产运营业形态，是目前世界上商业零售业发展历程中最先进、最高级的商业形态，提供购物、休闲、娱乐、饮食、康体、文化、商住等各种服务的一站式、体验式消费中心。

Shopping Mall的出现引发了周边商业集群模式，带动了周边商业的快速发展和价值提升，产生了规模效益和品牌价值的城市经济现象。当代的Shopping Mall正以多元化的消费模式成为引领城市购物时尚的全新的生活体验和感受。

### 6.1.1　现代商业空间的设计要素

现代商业空间设计必须在设计过程中将商业空间室内外的各种要素综合考虑，从而为人们打造更加人性化与艺术化的商业环境。

1. 现代商业空间的功能特性

商业空间是由人、物、空间三者之间的相互关系构成的。空间为人们提供了可以活动的领域，物质的获得、精神的感受和信息的交流。

2. 商业空间的四大功能特性

(1) 展示性（show）

除了一般意义上的商品陈列，商业空间还可以包括舞台上动态的表演、各种形式广告的发布、POP等有关商品自身以及附加信息的传达。

(2) 服务性（service）

提供各种有形或无形的服务，包括购物、休闲、咨询、洽谈、汇兑、寄存、修理、餐饮、美容等。

(3) 娱乐性（amusement）

娱乐性是指附属设施的提供，如影院剧场、儿童游乐、电子游戏、运动休闲等调剂身心的活动场所。

(4) 文化性（culture）

文化性是指大众传媒信息的媒介和文化场所，无论是商品陈列或娱乐活动，其本质均是文化活动，各类流行同样是一种文化。

### 6.1.2　现代商业空间的设计原则

能否营造吸引顾客购物欲望的商场整体营销氛围，是商业空间功能设计的基本原则。因此，在设计过程中我们应遵循以下具体设计原则：

(1) 商品的展示和陈列应根据种类分布的合理性、规律性、方便性、营销策略进行总体布局设计，以有利于商品的促销行为，创造为顾客所接受的舒适、愉悦的购物环境。

(2) 根据商场 / 商店 / 购物中心的经营性质、理念、商品的属性、档次和地域特性，以及顾客群的特点，确定室内环境设计的风格和价值取向。

(3) 具有诱人的入口、动线的空间和吸引人的橱窗、招牌，以形成整体统一的视觉传递系统，并运用个性鲜明的照明、材质和色彩，准确诠释商品的特性，营造良好的商场环境氛围，激发顾客的购物欲望。

(4) 购物空间在空间处理上要尽量宽敞通畅，达到不仅能让人看得见、摸得着，还能让人感受得到的效果。

（5）商业空间必须设施、设备完善，符合人体工程学的原理，防火规范，消防标识明显，疏散通道畅通无阻，并应设计残疾人专用的无障碍设施和通道。

（6）创新意识要突出，能彰显整体设计中的风格与特点。

## 6.2　泰国曼谷百货商店

Siam Discovery由泰国零售发展公司Siam Piwat经营，该公司邀请Nendo负责在曼谷Rama一号大道上这个40000平方米购物中心的内部和外部设计，如图6－1所示。工作室的任务很富有挑战性，它需要在新的零售经验基础上开拓一种独特的视角，这种视角要围绕周围的环境而不是千篇一律的品牌优惠来吸引顾客。“该建筑物将会是零售业一个新的概念，”Sato说道。“这是一个百货公司和购物中心的混合体，所以在里面有很多占用者，但是也有13个进行自我策划的零售店，这是它的不同之处。”

入口中庭以黑白的经典色调处理，休憩空间、接待区、展示空间合理分布，如图6－2所示。

里面陈列物品不是像传统百货商店那样按照产品品牌来分类，它的不同之处是零售点将一系列生活体验展现给顾客，包括数字实验室、街道实验室、创意实验室以及游戏实验室等。这种“生活方式实验室”的概念提供了一个主题，这个主题由13个空间组成的整体进行演绎。烧杯、烧瓶、试管、分子结构图表以及其他实验室的装备作为主题贯穿于室内，强调了该建筑物是一个创意和实验的空间，如图6－3所示。“零售业已经不再是购物的代名词了，它是关于为客户创造一种不断变化的体验的概念，所以感觉起来充满活力”，Siam Piwat的CEO Chadatip Chutrakul解释道。“我决定让整个地方成为一个关于生活方式的实验室，这意味着任何人都可以走进来并且做自己的实验——测试、创造和培养自己的东西。”

图6－1　曼谷百货商店外观

图6－2　曼谷百货商店入口中庭

图6—3　曼谷百货商店柜台

现有的百货大楼前面较狭窄，一些圆形的中庭打断了更深入的设计计划。设计者将这些流通空间连接起来创造了一个像峡谷一样的空间，一直延伸到后面，从而提高了客户的流动量。中庭的一面排列着202个框架形的盒子，包含视频监视器、数字标牌和商品展览，它们可以作为Siam Discovery内部的目录。显示墙延伸着超过了四层，吸引着游客们来到上面的楼层。

消费者的流动也受在公共区域和零售空间之间的应用到地板和天花板上的分层次的装饰品鼓动。Nendo对于建筑物外部的设计主要聚焦于其开放性和亲民感，设计者围绕着玻璃幕墙创造了尽可能多的空间，如图6－4所示。带有图案的外观处理参考了中庭里面的堆叠盒子，可以令建筑物的内部免受严酷的阳光破坏。由Nendo设计的零售点包含有电子设备空间，参考了电子显微镜的设计。它们透镜状的形式提供了用于展示商品的表面，由集成的照明设备照明。

图6—4　曼谷百货商店展示空间

## 6.3 德国斯图加特GERBER购物中心

GERBER购物中心，一座集零售、办公、居住于一体的综合性大楼，它就矗立在德国斯图加特市中心西南角一片1.4万平方米的土地上。Ippolito Fleitz Group设计事务所承担了所有公共空间的室内设计和导向系统的开发工作，旨在将GERBER中心打造成斯图加特的新地标。

该项目成功克服了地形落差的障碍，并将市中心与周边地区连接起来。比起购物中心，GERBER更像是一条城市林荫大道。一方面，GERBER要凭借高端的设计使其能长久地运营下去；另一方面，还要保持一个低门槛的定位以吸引各个层次的顾客群体。高品质的购物环境、清晰的导向系统以及高辨识度的空间装饰元素成为GERBER中心的代表性特征，如图6－5所示。

图6－6 中庭标志性光环

得益于其地处十字路口的位置优势，GERBER公共区域的三个入口吸纳着来自附近大街的人流。面临Tübinger Straße大街的入口连通中心一楼，朝向Marien Straße大街的入口则与中心的二楼相连。考虑到GERBER的地形落差和商场内部购物主线路的非线性布局问题，Ippolito Fleitz Group开发了一套清晰准确的导向系统。

走入大门，室内设计的关键主题便呈现在眼前。作为该中心的一个突出特色，其中一个关键元素就是光环，它们围成GERBER的标志——由两个圆环构成的字母“g”，如图6－6所示。光环的排列根据入口的空间规模各有不同，有的相互交织、排成一列，有的却四散铺开。

图6－5 购物中心大厅

中心的第三个入口为单层入口，回转的光环线条配合主题嵌入天花板中，同时又指示出由此分开的两条岔路。光环主题各种演变，每个入口也因而拥有了各自的视觉形态。在商场的中心位置，这一主题演绎到高潮，一个个光环无序地缠绕着一根立柱并盘旋而上，穿透三个楼层，如同一棵发光的大树。

天井结构从视觉上连通商场各个楼层，圆形

天花和扶手赋予了整个空间一种流动的形态，突出纵深效果。玻璃扶手营造出楼层的轻盈感，商铺橱窗尽收眼底，从而刺激游客的购物欲。公共区域的单色简洁设计增添一种雅致的基调，同时也不会与商铺的色彩产生冲突，如图6－7所示。

商铺的立面设计也融入了倒角元素，延续流动感。立面设计的空间感和所运用的高级材质凸显出GERBER中心的高端定位。一道暖灰色挡板使各不相同的商铺立面形成连续性，水平走向勾勒出公共区域的范围，也成为导向系统中的一个要素。与此同时，结合在天花板中的黑色光槽和深色木质扶手栏杆展示出商场的出口位置。低调照明的自动扶梯与黑色的线条相互配合，作为一个醒目的发光体构成了空间水平走向上的一个重要方位参考点。

整个公共区域包括卫生间通道、电梯入口及楼梯间的地板都是采用石材铺设。六角形地砖呼应了斯图加特市中心的路面构造，使该商场成为城市生活的延伸。另外，也避免了对购物者强加某个特定的方向路线，又清晰地标出通道的位置，如图6－8所示。

图6－7　天井流动形态的光环

图6－8　车库出口通道

# 7

# 第7章　酒店空间设计

## 7.1　酒店空间概述

酒店是向各类旅游客人提供餐饮、住宿及相关服务的设施，是现代生活中不可缺少的配置，酒店必须要满足这一类旅行者相互重叠的要求。酒店要为更多的人提供更全面的服务，要成为集工作、消遣、集会、与家人娱乐、餐饮以及购物为一体的场所，是一个浓缩的社会、一个城市中的城市。

现代酒店的功能早已超越了传统旅店的功能，社会的发展和科技的不断进步使得酒店的服务更加完善，更加具有针对性。酒店的分类实际上是一个立体交错的结构，可以按地理位置划分，可以按规模大小划分，可以按星级标准划分，也可以按客源性质划分，还可以按经营方式划分。但无论按哪一种方法划分，都会兼有其他各种划分的内容。为了便于记忆和比较，这里先以酒店的功能性质和服务目标，将酒店划分为：豪华酒店、度假酒店、会议酒店、有限服务酒店四种类型。

## 7.2　马德里优雅的Barceló Torre de Madrid酒店

马德里的酒店Barcel ó Torre de Madrid Hotel经西班牙“鬼才”设计师Jaime Hayon重新设计后，变得异常活泼，如图7－1所示。那些曾在Jaime Hayon的涂鸦、插画、玩偶、家具和艺术装置等设计作品中出现的点子，都被集中到了一块儿。酒店设计用色毫不胆怯，单单是酒店大堂中的沙发，就有红、绿、蓝、粉、灰等六七种颜色；浅绿色和深红色的沙发被特意组成了一对，摆放在一起，却没有艳俗感，如图7－2所示。

图7—1　酒店大厅电梯间

一进门就能看到的那个熊雕塑，用黑白条纹伪装出了斑马的模样，头上还戴了一个黄铜色的魔术帽，呼应的其实是摆放在马德里古城门太阳门处的著名雕塑“熊与草莓树”。这个雕塑的图案，还被印到了马德里市徽上，是这座大都市的重要象征。黑白条纹和黄铜色帽子，只是Jaime Hayon对这一文化象征物的现代化诠释，如图7－3所示。

图7—2　色彩缤纷的软装配色

图7－3　入口大厅雕塑

## 7.3　布鲁塞尔混搭风的JAM酒店

JAM酒店是一家全新的酒店，位于布鲁塞尔。JAM酒店在这座现代而又充满生机的城市将占有自己的一席之地。在这里，每一个旅客都找寻到自己所求。无论是厌倦了又冷又缺失人情味的酒店的生意人，寻找如家般舒适的背包客抑或是疯狂的乐队成员，所有人都能在非常友好的氛围下找到自己满意的，无论是设计、服务、预算、舒适还是地理位置等，如图7－4所示。

JAM酒店的前身是20世纪70年代由艺术学校改造的办公楼。JAM以其经过认证的原始混凝土为傲。客房里的原始而又舒适的松木给客房添了一些暖意。但是在比利时室内设计届赫赫有名的Lionel Jadot的指导下，如大厅、酒吧和餐厅等酒店的公共区域大放异彩。Lionel Jadot的设计过程好像是在完成一幅巨大的抽象拼图，像极了达达主义艺术家Kurt Schwitters的“Merzbau”创作手法，如图7－5所示。

在JAM酒店的餐厅，开启“品质餐厅模式”所需时间很短。餐厅同时对旅客和附近居民开放，他们尤爱意大利面、大披萨和开胃菜。在这儿，即便是一道简单的菜也一样美味，如图7－6所示。

JAM有着独一无二的屋顶泳池和日光浴平台供你放松。而此外，这里还有80座的餐厅，两间酒吧(其中一个在屋顶)，地下游戏室，私人停车场，可供居民使用的自行车、踏板车和滑板，可免费使用的邻近健身房，由文化生活专家特别炮制的简讯……如图7－7所示。

图7—4 建筑外观混凝土装饰风格

图7—5 JAM酒店大堂公共区域

图7—6 JAM酒店餐厅

图7－7 屋顶泳池与顶层酒吧

酒店有78个客房，部分客房最多可住6人，但是也有可住18人的“Giga房”。这种客房配置可以满足客人所有类型的需求。值得一提的是所有客房都配有电视、舒适的床上用品、特别设计的音响以及高速Wi-Fi。

充分考虑到每种预算下的客房价格：从一晚18欧元的上下铺到一晚150欧元的6人标间，就连酒吧和餐厅的定价也是精心考量、十分合理的，如图7-8所示。

图7—8 JAM酒店客房

## 7.4 泰国大城Sala Ayutthaya精品酒店

大城萨拉酒店（Sala Ayutthaya）是Onion工作室在泰国大城府完成的新作，该酒店是一座拥有26间客房的精品酒店，地处泰国湄南河风景最秀丽的位置。酒店面对1353年由大城府第一代国王下令修建的古迹沙旺寺，如图7-9所示。

建筑临街部分是低调的砖墙，进入主厅后，推开沉重的铁门到达酒店院落，首先映入眼帘的是曲面几何墙体围住的交通院落。高大墙面的极简几何造型在一天之中拥有丰富的光影，带给客人无穷无尽的光影体验。

曲墙院落联系酒店的系列院落和区域，如图7-10所示。人们要穿过墙，到达庭院进入客房。围绕白色庭院共布置了12套客房。中心连廊将庭院分成两个部分，一个是与外面曲墙庭院的红砖形成鲜明对比的白色泳池庭院，一个是种植这绿色树木的铺着红砖地面的花园，如图7-11所示。

图7—9　入口

图7—10　曲墙院落

图7—11　水院

图7—12　酒店餐区

酒店的餐区位于临河的一侧，沿着河面铺设甲板，将用餐区由室内蔓延到室外。芳香葱郁的树木在未来为甲板提供浓荫，如图7－12所示。

房间的设计简练但注重细节。黑色的虎跃木刻床头板寓意信念。每个房间都不一样，其中有三个房间与白色泳池庭院直接相连，如图7－13所示。卧室拥有面河的私人露台和已经隐藏的儿童沙发床。最宽敞的卧室没有河景，但其纵向墙面拥有一个私人的泳池。二层的客房则能鸟瞰庭院。个房间都独一无二，能让客人感受到非凡独特的体验。

图7—13　酒店套房

## 7.5 民宿酒店——“墟里”

图7—14 “墟里”外立面

民宿的涵盖甚广，除了一般常见的饭店以及旅社之外，其他可以提供旅客住宿的地方，例如民宅、休闲中心、农庄、农舍、牧场等，都可以归纳成民宿。民宿不同于传统的饭店旅馆，也许没有高级奢华的设施，但它能让人体验当地风情、感受有别于以往的生活，因此蔚为流行。

“墟里”是一处避暑乡居，本意为“在荒废的土地上重塑回归本真的故里”，如图7－14所示。这座老房子位于浙江东南部的永嘉山区，设计师花了四个月的时间翻新了第一栋旧屋，室内部分地上两层加地下一层总计不过两百余平方米。在仅有的三间面朝东南的客房内，可以感受到大地四季更迭幻化，日出朝阳与晚霞余晖时序更换，云海、竹林、田园交织成画，还有千年前先人们在这块土地上留下的“茗岙梯田”……在户外空间的处理上，设计师用最朴实、低调的建材并借由坡形地形，最大限度地接触自然；内部设计直取设计的本质，采用大量的“有温度、有感情”的木质元素和天然材质，尊重古建筑的原有语言，只保留事物最基本的元素，如图7－15所示。不求华丽，旨在体现人与

图7－15 「墟里」公共客厅

自然的沟通，营造了一席“户庭无尘杂，虚室有余闲”的栖息之地。空间规划设置了一个大厅和三间客房，搭配上收集的古旧器皿，有质感的肌理材质在充满自然气息的空间内，依稀可以触摸到有温度的感触——木与砖石的房子，发声的木板，打滑的石板和路边不知名却熟悉的草虫，当然还有泥土的气息和雨季的霉味……让人跟着自然一起呼吸，如图7－16所示。

图7—16　“墟里”庭院空间

# 8

# 第8章 餐饮空间设计

## 8.1 餐饮空间概述

餐厅的内部空间设计就是餐厅的灵魂。在遵循餐饮空间设计原则的基础上，餐饮空间要有一定的限定，围合空间的实体其形态可千变万化，式样繁多。餐饮空间的组合形式也有很多种。

餐饮空间组合方式：在餐饮空间设计中，比较常见的空间组合形式是集中式、组团式及线式，或是它们的综合变种。集中式空间组合是一种稳定的向心式的餐饮空间组合方式，它由一定数量的次要空间围绕一个大的占主导地位的空间构成。这个中心一般为规则形式，如圆、方、三角形、正多边形等。周围的次要空间，则一般将其做成形式不同、大小各异，使空间多样化。其功能也可以不同，设计者可以根据场地形状、环境需要及次要空间各自的功能特点，在中心空间周围灵活组织。组团式空间组合将若干空间通过紧密连接使它们之间互相联系，或以某空间轴线使几个空间建立紧密联系的空间组合形式。在餐饮空间设计中，组团式组合也是较常用的空间组合形式，比较多见的是几个餐饮空间彼此紧密连接成组团式组合。也可以沿着一条穿过组团的通道来组合几个餐饮空间，通道可以是直线型、折线型、环形等。另外，也可以将若干小的餐饮空间布置在一个大的餐饮空间周围。这种有类似于集中式空间，但较其而言，这种平面组合比较自由灵活。

## 8.2 丹麦哥本哈根108餐厅

在Strandgade街108号，紧靠着哥本哈根新建的自行车桥，René Redzepi创造了另一间餐厅，成为一个热门旅游目的地。Redzepi是曾连续多年获得“世界最佳餐厅”称号的NOMA的创始人，而有着简单店名的“108”就是这个餐饮品牌的子产品。108餐厅的室内设计将建筑既有的结构元素与定制的家具有机结合，形成个性鲜明的北欧风格，如图8－1所示。

图8—1　108餐厅外立面

一方面，NOMA与其姐妹店之间的差异已足够令人耳目一新。另一方面，108所带来的惊艳几乎不输NOMA，承袭了品牌一贯以来的舒适度，给人整体感觉更为年轻，近乎随意。

该项目的挑战在于既要唤起NOMA的特色，又不能掩盖新店的风采，尊重Redzepi标志性的创作以及Baumann设计的餐单。108的灵感是来自于过去十年来丹麦餐厅的发展历程，希望找到更接近自然的农场，但同时又与城市产生共鸣的城市餐厅。尽管之前已经看过和品尝过菜式，这个由SPACE Copenhagen（Signe Bindslev Henriksen和Peter Bundgaard Rutzou为联合创始人，同样主持设计了NOMA餐厅）设计的空间显然也完成了这一点，如图8－2所示。

本案中，SPACE Copenhagen采纳建筑的工业背景，突出了它的前身特征——一个工业仓库，以深刻的精度强调对色彩的运用，中和了拖延的留白并带来暖意。与此同时，外部墙上的蓝色霓虹灯招牌标志着餐厅的入口，与室内点点绿色、红色保持在一种错觉距离上，并且缓和了混凝土和黑金属的低调质朴，如图8－3所示。

图8－2　108餐厅用餐大厅

图8－3　108餐厅入口

## 8.3 越南河内Cheering餐厅

Cheering餐厅位于河内市中心，是从一个长期荒弃的项目改造而来的，该项目仍然保留了钢架结构以及可重复使用的围护材料，如玻璃、钢材、条钢、金属板屋顶，如图8－4、图8－5所示。

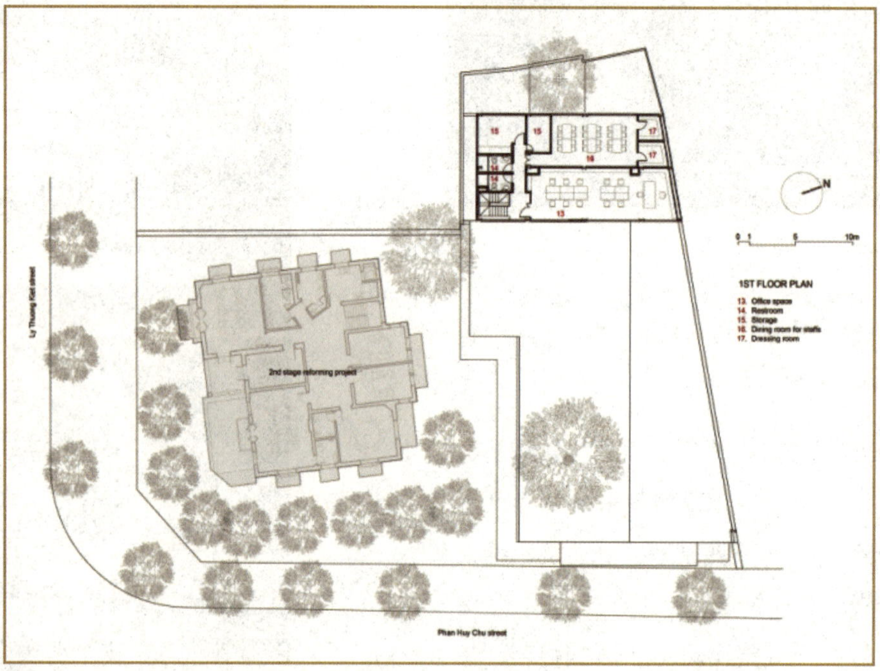


图8—4 Cheering餐厅平面

图8—5 Cheering餐厅外立面

人行道上每天上演的河内人民一系列的日常活动，特别是从白天到夜间的烹饪活动，这些都激发了设计者的灵感去创造一个空间，来唤起人们对古树的回忆——存在于这座千年古城大街小巷中的一个熟悉印象，如图8－6所示。

图8—6　Cheering餐厅用餐大厅

该方案通过焊接整个已有的钢架，打造一个新的结构体系，里面铺设工艺管道，用低质木条覆盖(9.2cm×120cm×1.5cm)，形成40cm×40cm的木质断面。覆盖的木材层用于抵御热带气候的影响，如图8－7所示。木质的桌椅设计与整体的装饰风格相协调，散发出古朴清新的气息，阳光从木质结构的缝隙中散落下来，温暖了室内的空间，给人带来不一样的就餐感受。

图8—7　Cheering餐厅立面

## 8.4 北京银泰中心XIU秀酒吧

XIU秀酒吧既有中国的古典韵味，又有现代的简洁摩登，两者融合。进得院内才发现，这里面积大得超乎想象，在寸土寸金的CBD区域可称得上奢侈，如图8－8所示。

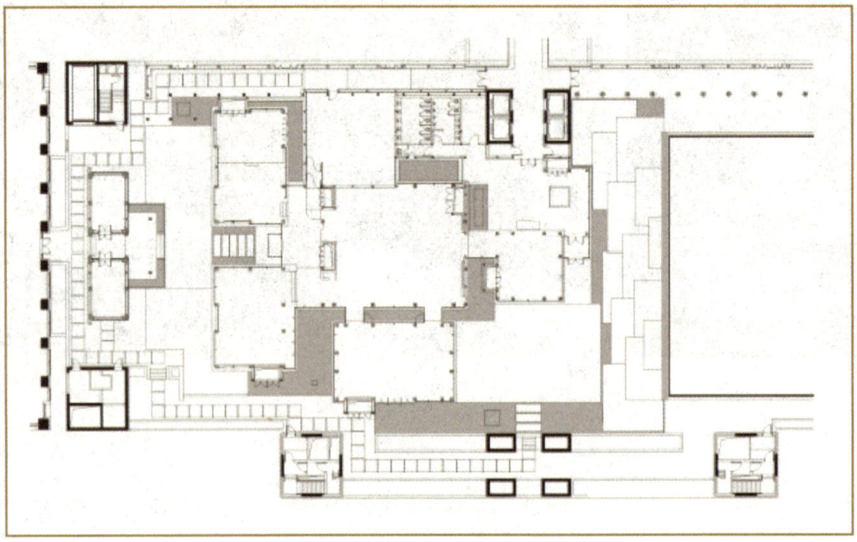

图8—8　XIU秀酒吧平面图

秀室外餐厅由五个主题餐厅、酒吧及设计别致的走道组合而成，灰色屋瓦、深棕木柱，各处都是充满古韵的宋代建筑风格。或许是环境设计得太用心，来秀用餐总有点不小心走入了某段旧时光的错觉，这边还是几进的院落，那边就是国贸的高楼大厦了，如图8－9所示。

图8—9　XIU秀酒吧室外就餐区

银泰中心包括三栋超高层建筑，其中中间一栋高249.5米为酒店，公寓东、西两栋同为高186米的办公建筑，三栋建筑以中间建筑为轴，对称布局。地面以上为五层裙楼，为高档品牌的零售店。“秀”项目就位于三栋超高层建筑围合之下的裙楼屋顶，如图8－10所示。

室内设计由日本SUPER POTATO公司设计，设计师提交了一个表现江南文人园林风格和民居建筑特点的设计方案。这一方案强调了酒吧建筑平面灵活变化的特点，如图8－11所示。

整个建筑群由接待区、酒吧区、辅助区三个基本功能区域组成。其中酒吧以Main bar为中心，周围环绕三个主题酒吧，包括南侧的Wine bar，西侧的Vodka bar、Executive lounge。接待区包括直接连接北塔的主接待厅和西侧连接写字楼的次接待厅。辅助区则由厨房、洗手间和衣帽间等组成。整个酒吧建筑与周围高层建筑之间形成了两个水景内院，如图8－12所示。

图8—10　户外区通道

图8—11　XIU秀酒吧内部吧台

图8—12　XIU秀酒吧室外景观

酒吧的建筑屋顶以《营造法式》为模板，在主吧和葡萄酒吧采用了九脊顶（清・歇山顶），在雪茄室、伏特加吧、行政酒廊采用了不夏两头造（清・悬山顶），在舞台、厨房、北走廊采用了单坡加勾连搭等三种瓦屋面形式，各栋仿古建筑之间通过现代的玻璃体空间联系，如图8-13所示。

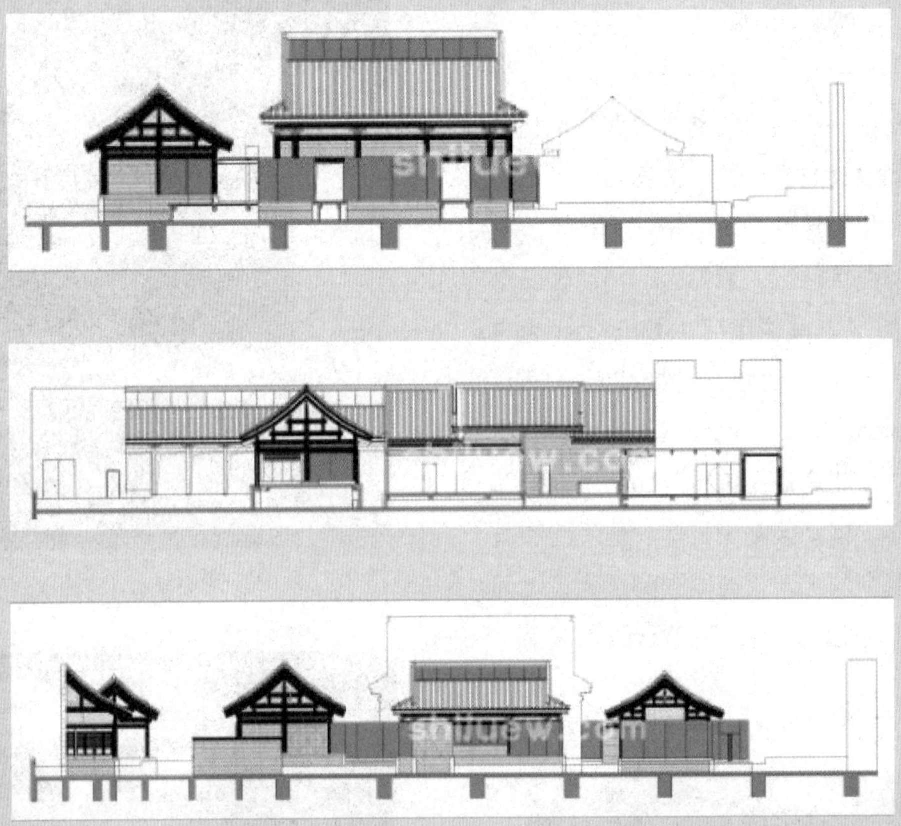

图8—13　XIU秀酒吧建筑立面

9

# 第9章 交通空间设计

## 9.1 交通空间概述

近代城市高速发展，不同区域，不同国家，城市与城市间，城市内部交通枢纽的建设取得了惊人的成就，与过去传统的交通空间不同，现代的站房是集多种交通方式（机场、码头、地铁、轻轨、高铁等）一体化，实现多种交通无缝换乘、转接、对接，形成庞大的交通枢纽中心，此类公共交通空间有着共同的特点。

### 9.1.1 空间的组织立体化

交通枢纽中心，其自身特点就是要实现多种交通工具一体化的立体衔接，所以要求其空间组织紧密、集中，必须有效利用地下、地面、地上空间。进站、候车、出站三大动线之间不会相互干扰，完美实现多种交通的一体化立体衔接。

### 9.1.2 室内环境设计的思路

公共交通空间室内环境侧重于其科学性，体现在以下几点。

（1）寻找能满足空间要求的材质，由于公共交通空间室内装饰的使用周期长，人流密集，所以，室内装饰材料必须具有更好的耐久性，同时合乎防火规范要求，绿色环保。而且在旅客易于接触的区域，还要考虑选择易于清洁、耐污的材料为宜，充分体现出交通空间的流动感与时代感，共性为主、个性为辅。

（2）装饰施工实现，尽量要求标准化、模数化。如U形铝条扣吊顶天花，其特点就是一种系统天花，可以按相同尺寸要求在工厂完成加工定做，现场只需组装吊挂，方便减低现场施工难度，提高施工质量与效率。建筑空间都具有大面积、大跨度、系统化、科学化的特征。

(3) 灵活空间分隔与引导，在大空间之中以玻璃或低矮灵活的隔断划分不同区域，尽可能减少物体对视线的障碍，使旅客获得清晰的方位感。

### 9.1.3 公共空间的服务角色

公共交通空间需要为停留旅客提供更多元化的活动空间，除更舒适安静的候车环境外，公共空间已经向服务经营主体方向转化，从对旅客进行行为管理转化为旅客提供多元服务，站房设计中，加入商业空间可提供餐饮、金融、商务、娱乐、购物等综合服务。

## 9.2 阿塞拜疆盖达尔·阿利耶夫国际机场

位于阿塞拜疆首都巴库的盖达尔·阿利耶夫国际机场的新航站楼是一项具有里程碑意义的工程，其室内的构想和设计来自于国际著名的Autoban工作室。Autoban工作室不拘泥于一般的机场设计思路，以一种当代室内的设计手法，推翻了传统机场设计中复杂以及枯燥乏味的空间体验，如图9－1所示。

图9—1　达尔·阿利耶夫国际机场外立面

图9—2　温馨的机场大厅

设计的灵感来源阿塞拜疆人民的热情好客。其中，最引人注目的是遍布整个机场大厅的巨型木“茧”，给整个空间营造出了一种热情欢迎的氛围，并吸引着人们去探索其中。为大家带来更多碰面交流的机会，同时也提供安静独处的场所。而这项设计也荣获了“红点奖”的殊荣，如图9－2所示。

而机场内家具的定制以及照明的布置上，也完全颠覆了传统的机场设计，在材料的选择上注重触感的自然性，例如：木材、石材，还有纺织品。这些材质轻轻地点燃机场内温馨而热情的氛围。

而在那些巨大的木“茧”内，提供有咖啡馆、售货亭以及一些其他的设施。它们是建筑与艺术的融合，是这座巨大交通建筑内独特的景观，是对传统机场环境的一种挑战，如图9－3所示。

Autoban同时还设计布置了四间精致的“Salam休息厅”，专门为商务舱乘客所使用，为这些贵宾级乘客提供最好的服务，如图9－4所示。

图9－3　机场大厅三层“木茧”结构

图9－4　独具特色的“木茧”结构服务区间

## 9.3　深圳宝安国际机场T3航站楼

深圳国际机场T3航站楼总建筑面积50万平方米，位于珠江口东岸，设计中的建筑以谦逊的姿态融入海洋和大地，追求与自然环境的有机融合，如同所有生物一样成为自然界的组成部分。

无论从宏观起伏变幻的生态型建筑空间构成，还是到微观转折开合的蜂巢型幕墙单元设计，深圳国际机场T3航站楼都以超乎想象的难度，挑战着建筑设计的极限。它将连绵起伏的白色实体单元和随体型、节能需求逐步变换的通透玻璃单元相间形成纹理，使建筑庞大的体量如同由半透明的薄纱包覆，显得轻盈而迷幻，形成由建筑到环境的自然过渡，如图9－5所示。

T3航站楼的大厅及中心指廊的空间开阔，为了实现空间的开阔，整个T3航站楼钢结构施工的体量超过5万吨。2013年11月28日，深圳机场新航站楼T3正式启用，原A号、B号航站楼及国际候机楼同期停用。为了帮助乘客减少出行困惑，深圳市政府采用多种方法帮助乘客熟悉新航站楼，其中，与腾讯街景地图独家合作，对机场道路和航站楼内部进行街景采集制作，如图9－6所示。

图9—5　深圳宝安国际机场T3航站楼外形

图9—6　机场候机大厅

T3航站楼各楼层功能结构，如图9－7所示。

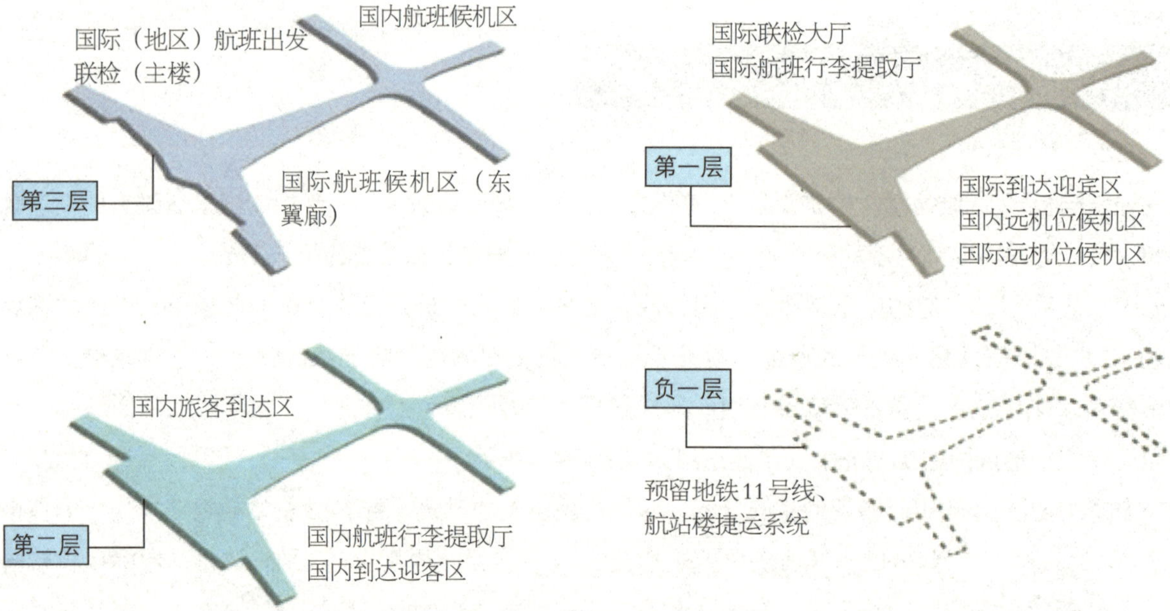


图9—7　T3航站楼各楼层功能结构

T3航站楼C区为综合性旅客服务航站楼，与交通中心相连。楼体结构设计为地上4层，地下2层。各楼层主要功能为：

四层：国内、国际旅客乘机手续办理层。浮岛设有商业区，有连接桥通往交通中心。

三层：国内出发层。国内航班旅客在该层办理安检手续。夹层设有国航国内两舱休息室、机场餐饮休息区。

二层：国内到达层。设有国内、国际旅客行李提取大厅，国际到达海关检查，国内—国内、国内—国际交叉中转区，APM站台，国内远机位出发候机区，国航国内两舱休息室，有连接桥通往交通中心。

一层：站坪层。设有国内、国际到达行李传送区，国内出发行李分拣区，员工餐厅，机场要客休息室。

T3航站楼C区楼层功能结构，如图9－8所示。

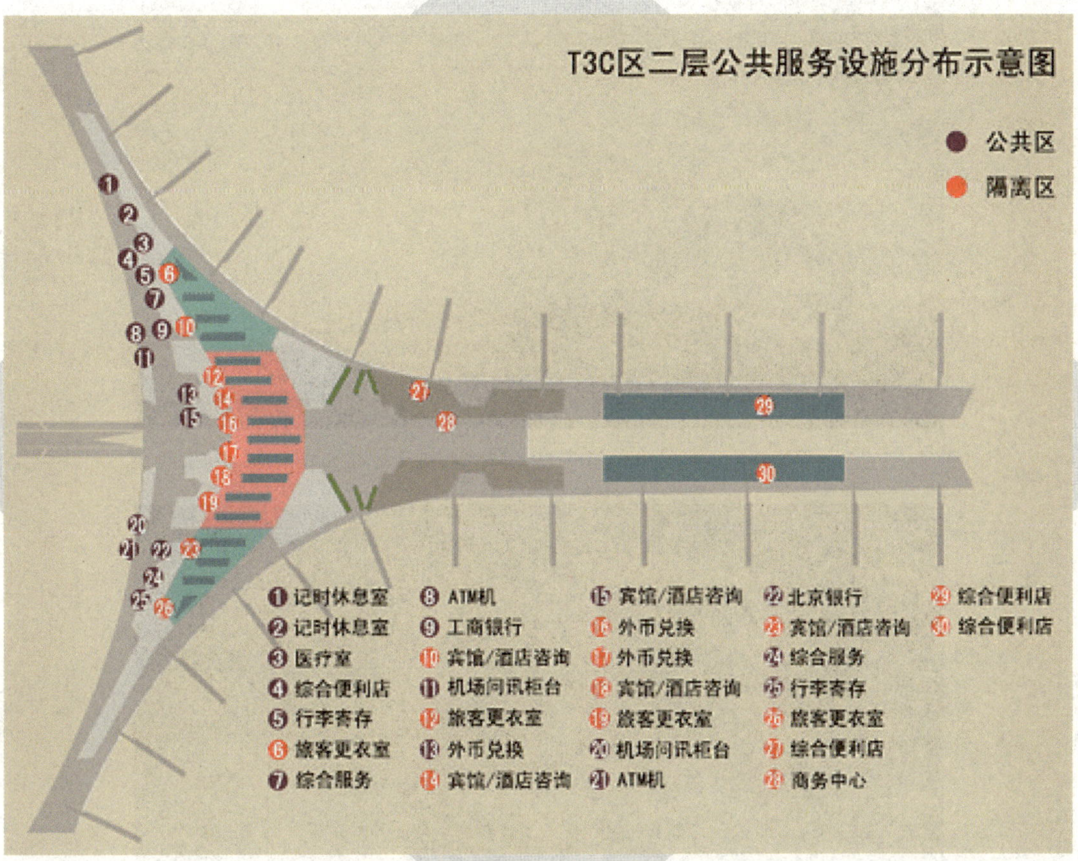


图9—8

T3航站楼C区楼层功能结构

## 9.4 葡萄牙莱索斯港的邮轮码头

葡萄牙莱索斯港的邮轮码头设计荣获了2017年度最佳公共建筑，整体设计由Luís Pedro Silva建筑师事务所承接。

邮轮码头像一根“丝带”柔软地缠绕在陆地的边缘，看似封闭，波尔图邮轮码头实际上是一个最大限度连接内外的建筑物，如图9-9所示。

建筑布局简单直接，就如建筑形态一样，从码头到建筑、从建筑到室内，再从屋顶展望海洋，建筑本身连成为地理上的节点，也成了连接人类社区的重要载体，如图9-10所示。

图9—9　莱索斯港邮轮码头建筑外立面

图9—10　莱索斯港邮轮码头流畅的建筑外形

该项目启动于2004年，分为多个施工阶段，具体包含新码头、主建筑、主建筑倒影池、街道、码头设施和其他小型辅助建筑的建设。

作为一个全新的邮轮码头，波尔图邮轮码头具有双重战略目的，即提高商业效率的同时更好地促进城市一体化。项目完成后，莱索斯港口就有条件接纳最大船长达300米的大游轮，并为周边的社区创造社交条件。

主建筑包含游轮码头、码头设施、波尔图大学海洋科技园、活动场地和一间餐厅等几个主要部分，巧妙的设计对各个功能区域进行调度，把新建筑、码头作业区域、供市民假期使用的外部空间和通向城市的新建新街道连接了起来，如图9－11所示。

图9—11　莱索斯港邮轮码头建筑连廊

建筑的主要内部空间朝向东北方的码头，外部区域则向反方向，向东南方蔓延，这种相悖分离的设计，同时把大海、波尔图城市公园和马托西纽什市海滩囊括其中。建筑的室内空间连接不同的功能区域。行人可以经由螺旋坡道到达屋顶，然后去往其他的中心区域，如图9－12所示。

图9—12　莱索斯港邮轮码头螺旋坡道

地下室建于海平面之下。停车场、船员服务区，海洋生物研究区、主要的技术服务区皆位于这一层。首层主要是建筑的外围区域，连接到轮式车辆码头（服务车辆和公共汽车）、行李物流区、乘客出发／到达厅等；内部区域则为接待中心、客户服务区和四层高的中庭。第1层为旅客中心及其配套设施。第2层和夹楼只有少部分对公众开放，大部分为科学和海洋工程实验室以及调查员办事处。这两层与建筑核心区域相连。第3层有一间面朝港口的大房间，用来举办各种大学活动，与内部多个公众开放空间相连。此层还有一家占据两层的小餐厅，以及部分行政区域。

楼层之间，建筑结构和中央天窗之间的空旷给室内带来充分的照明，令建筑的拱形结构有种自然的几何美感，如图9－13所示。白墙和玻璃搭配，强化光感。陶瓷涂层的使用是综合考虑了近海的环境以及波尔图制陶传统的结果，在确保建筑的个性的同时，赋予其随着天光变化而变化的效果。建筑曲面上的陶瓷与太阳、海水对话，绚烂而丰富，如图9－14所示。

自然流畅的设计，融合众多功能区域的概念，让波尔图邮轮码头成为这个城市和北葡萄牙的公众体验空间之一。

图9—13　建筑结构天窗

图9—14　建筑曲面上的陶瓷材质

# 10 第10章　展示空间设计

## 10.1　展示空间概述

### 10.1.1　展示设计的基本概念

所谓展览就是将物品摆出来给人们观看的意思，而展示活动是强调公众参与的活动，不仅仅是接受信息，而且要反馈信息，深入地参与其中进行实践和体验，这绝不是一个“展”字所能包含得了的。而“示”的意义包含有明示、暗示、示范、演示等，不仅有静态的含义，还有动态的含义。

展示活动和展示艺术，以其直观、形象、系统、通俗易懂、生动有趣的艺术魅力，使观者在不知不觉中受到潜移默化的影响，接受市场信息，获得社会科学、自然科学的知识。展示活动已经渗透到人类生活的各个领域，强有力地推动着社会发展。

现代展示是一个有着丰富内容、涉及广泛领域并随着时代的进步而不断充实其内涵的课题，展示环境设计也是一个以环境艺术设计学科为主，涉及其他多种相关科学设计领域。

在设计方法和程序上，展示设计具有室内设计、公共空间设计、景观设计、视觉传达设计及工业设计等方面的特点，但同时展示设计又具有自身的专业特征。展示设计本身已经超脱了上述相关学科，由“三维设计推进到了四维设计乃至多维设计”，展示设计的空间不是一个“上下、前后、左右”的概念，而是充满了人与信息的转换，是一个流动的空间，并且还应加入人的感觉因素，如触觉、嗅觉、听觉等。

展示设计本身并不是最终目的，而是通过设计运用视觉传达手段，并通过空间规划、平面布置，借助道具、设施、照明技术，对展示空间环境进行再创造，将信息有目的、有计划地展现给观众，力求使观众接受设计者所要传达的信息，为达到这个目的所进行的综合性设计工作即为展示设计。

### 10.1.2　展示设计的分类

现代展示所包含的范围十分广泛，已经深入人类生活和社会发展的各个领域，呈多元化发展的趋势。不同的表现主题，展示活动的目标及表现形式的规律与特征都有所不同，了解熟悉展示活动的类别特征，对有目的地参加展示活动的组织与设计工作有很大的指导作用。

以展示内容进行分类可以分为：综合型、专业型、展览与会议结合型；以展览的目的性进行分类可以分为：观赏型（各类博物展、珍宝展、美术作品展等）、教育型（各类成就展、历史展、人物事迹、事件、宣传展等）、推广型（各类成果型、新产品、新技术、新成就、新方法展等）、交易型（各类展销会、交易会、洽谈会等）。

以展示手段进行分类可以分为：实物展、图片展、样本展、综合性型等；以地域区划参展进行分类可以分为：地方展、全国展、国际展、地域性展等。

以展览规模进行分类可以分为：大型展、中型展、小型展、微型展等；以展览时间进行分类可以分为：固定长期展、定期展、不定期展、短期展等；从设计形式角度来看，又可以将展示设计归纳为：展览会设计、商业展示设计、博物馆设计、演示空间设计、庆典环境设计、旅游环境设计等。

### 10.1.3 展示空间的特征

由于展览园的多元化和展品类别、展出形式的多样化，所以展览空间具有灵活多样的组合变化特征。展览空间的特征归纳起来主要表现在以下三个方面：

1. 四维的空间

物理学中说的时间和空间概念，人们习惯上说成全部都是空间。空间本质也就是一个“超维”的“时空”概念。展示空间是一个三维空间与时间的集合，离开了一定的时间，人们无法全面认识和感受展览空间。

2. 多姿、多变的组合空间

展示空间中的展台、道具、灯光、广告装饰等，使展示空间五彩纷呈。展示功能的多元性，展示范畴的丰富性，展示性质的差异性，展馆及展厅与摊位的特殊性，使得展示空间组合形式多姿多彩、灵活多变。

3. 开放、流动的空间

展示空间的构成形式主要有：展览空间、辅助空间。展览空间又分为外围空间、陈列空间、销售空间和演示交流空间；辅助空间包括共享空间和服务设施空间，共享空间又包括过渡空间、甬道空间与休息空间等，这些功能空间相互开放并有充足的流动性。

## 10.2 美国非洲裔历史文化国家博物馆

美国非洲裔历史文化国家博物馆（NMAAHC）是美国规模最大、最全面展示非洲裔美国人生活、艺术、历史、文化的场所，于2016年9月24日正式对公众开放。该博物馆隶属于史密森学会，毗邻美国国家历史博物馆和华盛顿纪念碑，是由英国建筑师David Adjaye设计。

博物馆坐落于美国国家大草坪、华盛顿纪念碑旁。博物馆共有3层，外表由3600块青铜颜色镶板组合而成，呈金褐色，而周围建筑多是灰白色砖石建筑，因此无论是建筑风格、视觉冲击，这栋建筑都显得与众不同，如图10－1所示。

建筑由一个三层结构构成，以华盛顿纪念碑的元素为基础，“头冠”与顶石恰好形成17度角，镶板尺寸和花纹也参考了纪念碑的石柱。整座建筑包裹着装饰性的青铜格子，为遮掩背后的玻璃幕墙而设计。铜拉丝表皮所形成的图案借鉴了非洲裔美国人的手工艺历史，通过调节图案的密度，可以控制室内的进光量和透明性。建筑底座则将玻璃展露无遗。部分铜拉丝表皮在顶部附近也被割掉，目的是提供环视美国首都城市的视野，如图10－2所示。

南面入口由门廊和中央水景组成。作为延伸至华盛顿纪念碑广场的建筑外延，门廊构架起室内外之间的桥梁，其屋顶上方是一个中庭空间，通向建筑一二层之间夹层。在50米深处，建筑的退缩尺度类似于北面商场的其他建筑物。门廊屋顶的底部向上翘起，下方水流倒影着它的姿态。这片有遮盖的区域产生出一种小气候，清凉的微风和流水使得这里成为一个出色的避暑之地，如图10－3所示。

博物馆超过一半藏于地下，五层在地上，保持了景观中的微妙轮廓。三倍层高的历史画廊和剧场空间设在地下，而更多的画廊、表演区域、行政办公室及NMAAHC藏品储藏室则遍布整个建筑。

在建筑内部，访客将会被引导开启一个历史与情感交叠的旅程。无柱的宽敞空间，阳光的肆意倾泻，以及丰富的材料运用构成室内的特点。建筑材料包括有预制混凝土、木材和玻璃，它们呈现于铜拉丝之间。地下三倍层高的历史画廊和象征性的纪念空间“眼”，营造出一种沉重和纪念式的氛围，与此同时，从纪念碑广场流进来的水将光线散射到这个沉思空间的各个角落。往上走，将获得关键性的景观，沿着“头冠”的走廊走一圈，商场、联邦三角建筑群和纪念碑广场的景色尽收眼底，如图10－4所示。

图10－1　美国非洲裔历史文化国家博物馆建筑外立面

图10－2　建筑通透的玻璃幕墙

图10－3　屋顶底部水景景观

图10－4　博物馆『头冠』的景观走廊

## 10.3 波兰弗罗茨瓦夫Hydropolis博物馆

Hydropolis是一座关于“水”的博物馆，它建在一个地下清水库里，属于弗罗茨瓦夫自来水和污水处理公司，成为供水系统的纪念性建筑之一。这个清水库最初建于1890年和1893年之间，是“Na Grobli”供水系统其中的一部分，1904年之前一直都是作为一个过滤系统。到了1924年，一个抽水泵又紧挨着这个水库的西边而建起来，如图10－5所示。

西边和东边是新哥特式风格的塔尖、塔楼、炮台和大门，透着浓浓的历史气息。北边拥有12个半圆形拱廊，而南边则形成了一个从屋顶倾斜的下降平面。外立面由陶瓷砖构成，釉面砖和形状陶瓷突出了细节。

水库的内部由四个新功能空间组成，它们通过墙上的开口连接，从而能从一个空间进入另一个空间。每个空间都覆盖着一个三跨度的钢筋混凝土拱形结构，并以隔墙和两排柱子作为支撑，如图10－6所示。一座附属建筑建在入口区的南面，创造出一个全新外观，与附近的水塔相呼应。建筑的全新部分主要采用了经典的铜材料，由于经过了氧化过程所以铜是以一种自然方式变暗，与水库和水塔的主要材料——砖取得了良好的协调。

图10—5　弗罗茨瓦夫Hydropolis博物馆建筑外立面

图10—6　博物馆内部混凝土拱形结构

建筑的主体包括了一个入口，旁边是一条通向屋顶和技术翼楼的坡道。室内展览空间展示方式灵活多样，展台、道具、灯光、装饰等，使展示空间五彩纷呈，如图10－7所示。

图10—7　博物馆五彩缤纷的展示空间

## 10.4　山东绿地国际金融中心IFC展示中心

本案坐落于济南市中央商务区（CBD）内，位于济南市东部，东至奥体中路，西至茂岭2号路，南至奥体金融中心，北至文博五号路、新泺大街。济南中央商务区定位为依托政务中心、奥体中心、文博片区，着力打造的集区域金融中心、总部聚集中心、区域创新中心为一体的城市新中心，如图10－8所示。

设计灵感来源于曲阜孔庙的庑殿顶建筑形式，五脊四坡，穿插木榫结构交织其中，庄重雄伟。在传统和现代之间，寻得两者平衡，从传统语汇出发，取其意而不破形，如图10－9所示。

设计师将人和空间创造关系，给予人们的观感和体验是独特的，产生亲近感受：内与外的关系、建筑与自然的关系、传统与当代的关系，而这系列性关系却是围绕着提升人们的环境体验而展开的，成为身体的庇护所。设计师希望抛开一切形式和标签的表象，将传统文化融入当代中，传统元素的精湛提炼，演绎出极具现代感的艺术精髓，大气的木榫结构交织下，是光与影的交织，众星拱月、繁星点点，将自然之美与人文之美完全融合，在繁华的都市下寻找一种宁静，如图10－10所示。

图10－8　展示中心接待大厅

图10－9　IFC展示中心木榫结构的装饰构建

图10－10　IFC展示中心内部接待空间

# 参考文献


[1] 陈易. 室内设计原理 [M]. 北京：中国建筑工业出版社，2006.

[2] 彭一刚. 建筑空间组合论 [M]. 北京：中国建筑工业出版社，2008.

[3] 程大锦. 建筑：形式、空间和秩序（第三版）[M]. 天津：天津大学出版社，2008.

[4] 詹和平. 空间－Space [M]. 上海：东南大学出版社，2006.

[5] 张绮曼，郑曙. 室内设计资料集 [M]. 北京：中国建筑工业出版社，1991.

[6] 杨婷婷. 公共空间设计 [M]. 北京：北京理工大学出版社，2008.

[7] 杨清平，李柏山. 公共空间设计 [M]. 北京：北京大学出版社，2010.

[8] 张文忠. 公共建筑设计原理（第四版）[M]. 北京：中国建筑工业出版社，2008.

[9] [日] 日本建筑学会. 建筑设计资料集成（人体・空间篇）[M]. 重庆大学建筑城规学院译. 天津：天津大学出版社，2007.

[10] [美] 保罗・拉索. 图解思考—建筑表现技法 [M]. 北京：中国建筑工业出版社，2002.

[11] [英] 布莱恩・劳森，杨青娟等. 空间的语言 [M]. 北京：中国建筑工业出版社，2003.

[12] 刘盛璜. 人体工程学与室内设计 [M]. 北京：中国建筑工业出版社，2004.

[13] 张月. 室内人体工程学（第二版）[M]. 北京：中国建筑工业出版社，2005.

[14] 薛恩伦，李道增等. 后现代主义建筑20讲 [M]. 上海：上海社会科学院出版社，2005.

[15] 苑军. 室内空间设计 [M]. 北京：知识产权出版社，2005.

[16] [意] 布鲁诺・赛. 建筑空间论 [M]. 张似赞译. 北京：中国建筑工业出版社，2006

[17] [英] 东尼・博赞. 思维导图丛书 [M]. 张鼎昆等译. 北京：外语教学与研究出版社，2005.

[18] 薛娟，侯宁，王海燕. 办公空间设计 [M]. 北京：北京水利水电出版社，2010.

[19] 杨豪中，王葆华. 室内空间设计——办公、展示. [M]. 湖北：华中科技大学出版社，2010.

[20] [美] 麦克多诺等. 酒店建筑 [M]. 董晓莉译. 北京：中国建筑工业出版社，2007.

[21] 周昕涛. 商业空间设计 [M]. 上海：上海人民美术出版社，2006.
[22] 王艺湘. 商业展示与视觉导识系统设计 [M]. 辽宁：辽宁科学技术出版社2009.
[23] 刘利剑等. 商业空间设计 [M]. 北京：清华大学出版社，2010.
[24] 周长亮，李远. 商业空间设计 [M]. 北京：中国电力出版社，2008.
[25] 汪建松. 展示设计（第二版）[M]. 北京：中国建筑工业出版社，2006.
[26] 李远. 展示设计 [M]. 北京：中国电力出版社，2009.
[27] 张立. 展示设计 [M]. 北京：中国纺织出版社，2006.
[28] 李朝阳. 装饰材料与构造 [M]. 安徽：安徽美术出版社，2006.
[29] [日] 安藤忠雄. 安藤忠雄论建筑 [M]. 白林译. 北京：中国建筑工业出版社，2003.
[30] 尹定邦. 设计学概论 [M]. 长沙：湖南科学技术出版社，2005.